数论经典著作系列

初等数论（Ⅱ）

Elementary Number Theory (Ⅱ)

陈景润 著

哈尔滨工业大学出版社
HARBIN INSTITUTE OF TECHNOLOGY PRESS

内 容 简 介

数论是研究数的性质的一门学科。本书从科学实验的实际经验出发,分析了数论的发生、发展和应用,介绍了数论的初等方法。本书为《初等数论(I)》的后续,介绍了剩余系、数论函数、三角和等方法。每章后有习题,并在书末附有全部习题解答。本书写得深入浅出,通俗易懂,可供广大青年及科技人员阅读。

图书在版编目(CIP)数据

初等数论.2/陈景润著. —哈尔滨:哈尔滨工业大学出版社,2012.2(2025.6重印)
ISBN 978－7－5603－3494－3

Ⅰ.①初… Ⅱ.①陈… Ⅲ.①初等数论
Ⅳ.①O156.1

中国版本图书馆 CIP 数据核字(2012)第 014349 号

策划编辑　刘培杰　张永芹
责任编辑　尹　凡
封面设计　孙茵艾
出版发行　哈尔滨工业大学出版社
社　　址　哈尔滨市南岗区复华四道街 10 号　邮编 150006
传　　真　0451－86414749
网　　址　http://hitpress.hit.edu.cn
印　　刷　哈尔滨午阳印刷有限公司
开　　本　787mm×1092mm　1/16　印张 10.5　字数 170 千字
版　　次　2012 年 2 月第 1 版　2025 年 6 月第 15 次印刷
书　　号　ISBN 978－7－5603－3494－3
定　　价　18.00 元

(如因印装质量问题影响阅读,我社负责调换)

目录

第5章 剩余系,欧拉定理,费马定理及其应用 //1

5.1 应用方面的例子 //1

5.2 完全剩余系 //2

5.3 欧拉函数 $\varphi(m)$ //6

5.4 简化剩余系 //6

5.5 欧拉定理、费马定理及其应用 //8

习题 //14

第6章 小数、分数和实数 //16

6.1 分数化小数 //16

6.2 小数化分数 //24

6.3 正数的开 n 次方 //26

6.4 实数、有理数和无理数 //30

习题 //33

第7章 连分数和数论函数 //35

- 7.1 连分数的基本概念 //35
- 7.2 数学归纳法 //40
- 7.3 连分数的基本性质 //42
- 7.4 把有理数表成连分数 //45
- 7.5 无限连分数 //47
- 7.6 函数$[x],\{x\}$的一些性质 //55
- 7.7 数论函数 //58
- 习题 //64

第8章 关于复数和三角和的概念 //66

- 8.1 复数的引入 //66
- 8.2 角的概念,正弦函数和余弦函数 //69
- 8.3 复数的指数式 //76
- 8.4 三角和的概念 //81
- 习题 //90

习题解答 //93

编辑手记 //130

第5章 剩余系,欧拉定理,费马定理及其应用

5.1 应用方面的例子

设 a,b,c,d 都是正整数. 令 $a^0=1, a^1=a, a^2=a\times a, a^3=a\times a\times a$. 当 n 是一个大于 1 的正整数时,我们用 a^n 来表示由 n 个相同的 a 相乘所得的积. 我们还用 a^{b^n} 来表示由 b^n 个相同的 a 相乘所得的积. 由于 $3^4=3\times 3\times 3\times 3=81$,所以有
$$2^{3^4}=2^{81}>10^{24}>10^4>(2^3)^4$$
由于 $4^5=1\,024$,所以有
$$3^{4^5}=3^{1\,024}>10^{488}>(81)^5=(3^4)^5$$
因而
$$2^{3^4}>10^{20}\times(2^3)^4, 3^{4^5}>10^{478}\times(3^4)^5$$
由于 $5^6=15\,625, 6^7=279\,936$,所以有
$$4^{5^6}=4^{15\,625}>10^{9\,407}, 5^{6^7}=5^{279\,936}>10^{195\,666}$$
但是
$$(4^5)^6=(1\,024)^6<10^{19}, (5^6)^7=(15\,625)^7<10^{30}$$
因而
$$4^{5^6}>10^{9\,388}\times(4^5)^6, 5^{6^7}>10^{195\,636}\times(5^6)^7$$
我们用 $a^{b^{c^n}}$ 来表示由 b^{c^n} 个相同的 a 相乘所得的积,所以有

$$3^{4^{5^6}} = 3^{415\,625} \geqslant 10^{109\,406}, 4^{5^{6^7}} > 10^{10^{193\,665}}$$
$$(3^{45})^6 = 3^{1\,024 \times 6} = 3^{6\,144} \leqslant 10^{2\,932}$$
$$(4^{56})^7 = 4^{15\,625 \times 7} = 44^{109\,375} \leqslant 10^{65\,851}$$

我们又有
$$(12\,345^{56} + 50)^{40} \leqslant (10^{230})^{40} = 10^{9\,200} \leqslant 10^{9\,407} \leqslant 4^{56}$$

设 A 是一个小于 7 的非负整数. 在本章中将证明,如果今天是星期天,从今天起再经过 a^{b^c} 天后是星期 A,那么从今天起再经过 $a^{b^{c^n}}$ 天后,也是星期 A. 其中 n 是任意正整数,而星期 0 定义为星期天. 如果今天是星期天,那么使用本章中所讨论的方法,容易计算出从今天起再经过 a^{b^c} 天后是星期几.

例 1　如果今天是星期一,c 是一个正整数,那么从今天起再过 $773^{3\,169^c}$ 天后,应该是星期四.

在本章第 5.5 节中将对例 1 加以证明. 令 m 是一个正整数,使用本章中所讨论的方法可以计算出 $(a^b + c)^d$ 被 m 除的余数.

例 2　求证 $(12\,371^{56} + 34)^{28 + 72c}$ 被 111 除的余数等于 70,其中 c 是任意非负整数.

在本章第 5.5 节中将给出例 2 的证明. 我们将在第 6 章说明欧拉定理、费马定理在研究循环小数时的作用.

5.2　完全剩余系

设 a, b 是任意两个整数,m 是一个正整数,如果存在一个整数 q,使得 $a - b = mq$ 成立,我们就说 a, b 对模同余,记作 $a \equiv b(\mathrm{mod}\ m)$.

引理 1　如果 a, b, c 是任意三个整数,m 是一个正整数,则当 $a \equiv b(\mathrm{mod}\ m), b \equiv c(\mathrm{mod}\ m)$ 成立时,有
$$a \equiv c(\mathrm{mod}\ m)$$

证　$a - b = mq_1, b - c = mq_2$,其中 q_1, q_2 是两个整数,得到 $a - b + b - c = mq_1 + mq_2$,故有 $a - c = m(q_1 + q_2)$,其中 $q_1 + q_2$ 是一个整数.

引理 2　如果 a, b, c 是任意三个整数,m 是一个正整数且 $(m, c) = 1$,则当 $ac \equiv bc(\mathrm{mod}\ m)$ 时,有
$$a \equiv b(\mathrm{mod}\ m)$$

证　由于 $c(a - b) = ac - bc = mq$,其中 q 是一个整数,$(m, c) = 1$,我们有 $a - b = mq_1$,其中 q_1 是一个整数.

引理 3　如果 a, b 是任意两个整数,而 m, n 是两个正整数,则当 $a \equiv b(\mathrm{mod}\ m)$ 时,有

$$a^n \equiv b^n (\bmod\ m)$$

证 由 $a - b = mq$,其中 q 是一个整数,我们有
$$a^n = (b + mq)^n = b^n + \cdots + (mq)^n = b^n + mq_1$$
其中 q_1 是一个整数,故有 $a^n - b^n = mq_1$,即
$$a^n \equiv b^n (\bmod\ m)$$

我们把 $0,1$ 叫作模 2 的不为负最小完全剩余系. 我们把所有偶整数(即 $2n$ 形状的所有整数,其中 $n = 0, \pm 1, \pm 2, \cdots$)划成一类,把所有奇整数(即 $2n + 1$ 形状的所有整数,其中 $n = 0, \pm 1, \pm 2, \cdots$)划成一类. 这样我们就把全体整数分成为两类,即偶整数类和奇整数类. 从偶整数类中任意取出一个整数 a_1,从奇整数类中任意取出一个整数 a_2. 我们把 a_1, a_2 叫作模 2 的一个完全剩余系. 例如 $0,3$ 是模 2 的一个完全剩余系,而 $1,6$ 也是模 2 的一个完全剩余系. 如果 a_3 是一个奇整数而 a_4 是一个偶整数(或 a_3 是一个偶整数而 a_4 是一个奇整数),则 a_3, a_4 是模 2 的一个完全剩余系. 所以说模 2 的完全剩余系的个数有无限多个.

设 m 是一个大于 2 的整数,我们把 $0,1,\cdots,m-1$ 叫作模 m 的不为负最小的完全剩余系. 我们把能被 m 整除的所有整数(即 mn 形状的所有整数,其中 $n = 0, \pm 1, \pm 2, \cdots$)划成一类;把被 m 除后,余数是 1 的所有整数(即 $mn + 1$ 形状的所有整数,其中 $n = 0, \pm 1, \pm 2, \cdots$)划成一类;……;把被 m 除后,余数是 $m - 1$ 的所有整数(即 $mn + m - 1$ 形状的所有整数,其中 $n = 0, \pm 1, \pm 2, \cdots$)划成一类;这样我们就把全体整数分成为 m 类. 如果从每一类当中各取出一个整数,则这 m 个整数就叫作模 m 的一个完全剩余系.

例3 求证 $-10, -6, -1, 2, 10, 12, 14$ 是模 7 的一个完全剩余系.

证 由于
$$-10 \equiv 4(\bmod\ 7), -6 \equiv 1(\bmod\ 7), -1 \equiv 6(\bmod\ 7)$$
$$2 \equiv 2(\bmod\ 7), 10 \equiv 3(\bmod\ 7), 12 \equiv 5(\bmod\ 7)$$
$$14 \equiv 0(\bmod\ 7)$$
而 $4,1,6,2,3,5,0$ 和 $0,1,2,3,4,5,6$ 只有在次序上有不同,故 $-10, -6, -1, 2, 10, 12, 14$ 是模 7 的一个完全剩余系.

例4 求证 $6,9,12,15,18,21,24,27$ 是模 8 的一个完全剩余系.

证 由于
$$6 \equiv 6(\bmod\ 8), 9 \equiv 1(\bmod\ 8), 12 \equiv 4(\bmod\ 8)$$
$$15 \equiv 7(\bmod\ 8), 18 \equiv 2(\bmod\ 8), 21 \equiv 5(\bmod\ 8)$$
$$24 \equiv 0(\bmod\ 8), 27 \equiv 3(\bmod\ 8)$$
而 $6,1,4,7,2,5,0,3$ 和 $0,1,2,3,4,5,6,7$ 只是在次序上有不同,故 $6,9,12,15,18,21,24,27$ 是模 8 的一个完全剩余系.

引理4 设 m 是一个大于 1 的整数,$a_1, a_2, \cdots, a_m$ 是模 m 的一个完全剩余

系. 如在 $a_1, a_2, \cdots, a_m$ 中任取出两个整数,则这两个整数对模 m 是不同余的.

证 以 m 为模,则任何一个整数一定和下列 m 个整数
$$0, 1, \cdots, m-1$$
之一同余,令 r_i(其中 $i = 1, 2, \cdots, m$)是一个整数,满足条件
$$a_i \equiv r_i \pmod{m}, 0 \leq r_i \leq m-1 \tag{1}$$
则我们有
$$a_1 \equiv r_1 \pmod{m}, a_2 \equiv r_2 \pmod{m}, \cdots, a_m \equiv r_m \pmod{m} \tag{2}$$
其中 $0 \leq r_1 \leq m-1, 0 \leq r_2 \leq m-1, \cdots, 0 \leq r_m \leq m-1$. 由于 $a_1, a_2, \cdots, a_m$ 是模 m 的一个完全剩余系,所以 $r_1, r_2, \cdots, r_m$ 和 $0, 1, \cdots, m-1$ 只是在次序上可能有不同. 由于在 $0, 1, \cdots, m-1$ 中,任取出两个整数,这两个整数对模 m 是不同的,所以在 $r_1, r_2, \cdots, r_m$ 中任取出两个整数,这两个整数对模 m 是不同余的. 故由式(2)知道,在 $a_1, a_2, \cdots, a_m$ 中任取出两个整数,则这两个整数对模 m 是不同余的.

引理 5 设 m 是一个大于 1 的整数,而 $a_1, a_2, \cdots, a_m$ 是 m 个整数,又设在 $a_1, a_2, \cdots, a_m$ 中任取出两个整数时,这两个整数对模 m 是不同余的,则 $a_1, a_2, \cdots, a_m$ 是模 m 的一个完全剩余系.

证 以 m 为模,则任何一个整数一定和下列 m 个整数
$$0, 1, \cdots, m-1$$
之一同余,令 r_i(其中 $i = 1, 2, \cdots, m$)是一个整数,满足条件
$$a_i \equiv r_i \pmod{m}, 0 \leq r_i \leq m-1$$
则我们有
$$a_1 \equiv r_1 \pmod{m}, a_2 \equiv r_2 \pmod{m}, \cdots, a_m \equiv r_m \pmod{m} \tag{3}$$
其中 $0 \leq r_1 \leq m-1, 0 \leq r_2 \leq m-1, \cdots, 0 \leq r_m \leq m-1$. 由于式(3)和假设在 $a_1, a_2, \cdots, a_m$ 中任取出两个整数时,这两个整数对模 m 不同余,所以当我们在 $r_1, r_2, \cdots, r_m$ 中任取出两个整数时,这两个整数对模 m 不同余,所以 $r_1, r_2, \cdots, r_m$ 和 $0, 1, \cdots, m-1$ 只是在次序上可能有不同,即 $a_1, a_2, \cdots, a_m$ 是模 m 的一个完全剩余系.

引理 6 设 m 是一个大于 1 的整数,而 $a_1, a_2, \cdots, a_m$ 是模 m 的一个完全剩余系,则当 b 是一个整数时,$a_1 + b, a_2 + b, \cdots, a_m + b$ 也是模 m 的一个完全剩余系.

证 设在 $a_1 + b, a_2 + b, \cdots, a_m + b$ 中存在两个整数 $a_k + b, a_\lambda + b$(其中 $1 \leq k < \lambda \leq m$),使得
$$a_k + b \equiv a_\lambda + b \pmod{m} \tag{4}$$
成立. 我们又有
$$b \equiv b \pmod{m} \tag{5}$$

由式(4)减去式(5),得到
$$a_k \equiv a_\lambda \pmod{m} \tag{6}$$
由引理 4 和 $a_1, a_2, \cdots, a_m$ 是模 m 的一个完全剩余系,知道式(4)是不可能成立的. 所以在 $a_1+b, a_2+b, \cdots, a_m+b$ 中任取出两个整数时,这两个整数对模 m 不同余,而由引理 5 知道 $a_1+b, a_2+b, \cdots, a_m+b$ 是模 m 的一个完全剩余系.

引理 7 设 m 是一个大于 1 的整数,b 是一个整数且满足条件 $(b, m) = 1$. 如果 $a_1, a_2, \cdots, a_m$ 是模 m 的一个完全剩余系,则 $ba_1, ba_2, \cdots, ba_m$ 也是模 m 的一个完全剩余系.

证 设在 $ba_1, ba_2, \cdots, ba_m$ 中存在两个整数 ba_k, ba_λ(其中 $1 \leq k < \lambda \leq m$),使得
$$ba_k \equiv ba_\lambda \pmod{m} \tag{7}$$
成立,则由 $(b, m) = 1$ 和引理 2 我们有
$$a_k \equiv a_\lambda \pmod{m} \tag{8}$$
由引理 4 和 $a_1, a_2, \cdots, a_m$ 是模 m 的一个完全剩余系,知道式(7)是不可能成立的. 所以在 $ba_1, ba_2, \cdots, ba_m$ 中任取出两个整数时,这两个整数对模 m 不同余,而由引理 5 知道 $ba_1, ba_2, \cdots, ba_m$ 是模 m 的一个完全剩余系.

引理 8 设 m 是一个大于 1 的整数,而 b, c 是两个任意的整数但满足条件 $(b, m) = 1$,如果 $a_1, a_2, \cdots, a_m$ 是模 m 的一个完全剩余系,则 $ba_1+c, ba_2+c, \cdots, ba_m+c$ 也是模 m 的一个完全剩余系.

证 由于 $a_1, a_2, \cdots, a_m$ 是模 m 的一个完全剩余系,从引理 7 和 $(b, m) = 1$ 知道 $ba_1, ba_2, \cdots, ba_m$ 也是模 m 的一个完全剩余系. 由于 $ba_1, ba_2, \cdots, ba_m$ 是模 m 的一个完全剩余系,从引理 6 和 c 是一个整数知道 $ba_1+c, ba_2+c, \cdots, ba_m+c$ 也是模 m 的一个完全剩余系.

例 5 使用引理 8 来证明例 4 中的结果.

证 在引理 8 中取 $m = 8, b = 3, c = 6, a_i = i-1$(其中 $1 \leq i \leq 8$). 由于 $0, 1, 2, 3, 4, 5, 6, 7$ 是模 8 的一个完全剩余系,并且 $ba_1+c = 6, ba_2+c = 9, ba_3+c = 12, ba_4+c = 15, ba_5+c = 18, ba_6+c = 21, ba_7+c = 24, ba_8+c = 27$,故由引理 8 知道 $6, 9, 12, 15, 18, 21, 24, 27$ 是模 8 的一个完全剩余系.

引理 9 如果 m 是一个大于 1 的整数而 a, b 是任意的两个整数,使得
$$a \equiv b \pmod{m}$$
成立,则有 $(a, m) = (b, m)$.

证 由 $a \equiv b \pmod{m}$ 得到 $a = b + mt$,其中 t 是一个整数,故有 $(b, m) \mid a$. 又由 $(b, m) \mid m$ 得到 $(b, m) \mid (a, m)$. 由 $b = a - mt$ 有 $(a, m) \mid b$. 又由 $(a, m) \mid m$ 得到 $(a, m) \mid (b, m)$. 故由 $(b, m) \mid (a, m)$ 和 $(a, m) \mid (b, m)$ 得到 $(a, m) = (b, m)$.

5.3 欧拉函数 $\varphi(m)$

定义1 我们用 $\varphi(m)$ 来表示不大于 m 而和 m 互素的正整数的个数. 我们把 $\varphi(m)$ 叫做欧拉(Euler)函数.

因为无论 n 是什么整数,我们都有 $(n,1)=1$,所以1和任何正整数都是互素的,我们又有 $\varphi(1)=1$.

引理10 设 l 是一个正整数,p 是一个素数,则我们有
$$\varphi(p^l) = p^{l-1}(p-1)$$

证 由于 $1,2,\cdots,p-1$ 中的任何一个整数都是和 p 互素的,故有 $\varphi(p) = p-1$. 当 $l=1$ 时有 $p^{l-1}=p^0=1$,因而当 $l=1$ 时本引理成立. 现设 $l>1$,不大于4而和4互素的正整数是1,3,共有2个,故有 $\varphi(4)=2$. 不大于8而和8互素的正整数是1,3,5,7,共有4个,故有 $\varphi(8)=4$. 不大于9而和9互素的正整数是1,2,4,5,7,8共有6个,故有 $\varphi(9)=6$. 而满足条件 $l>1$ 及 $p^l \leq 9$ 的 p^l 只有4,8,9这三个数,并且 $\varphi(2^2)=\varphi(4)=2=2^{2-1}(2-1)$,$\varphi(2^3)=\varphi(8)=4=2^{3-1}(2-1)$,$\varphi(3^2)=\varphi(9)=6=3^{2-1}(3-1)$,故当 $l>1$ 而 $p^l \leq 9$ 时本引理成立. 现设 $l>1$ 而 $p^l \geq 10$. 在不大于 p^l 的正整数中(共有 p^l 个整数,即)
$$p, 2p, 3p, \cdots, p^{l-1}p$$
是 p 的倍数,而其余的不大于 p^l 的正整数都是和 p 互素的. 又不大于 p^l 的正整数共有 p^l 个,而其中是 p 的倍数的正整数有 p^{l-1} 个,故不大于 p^l 而和 p^l 互素的正整数的个数是 $p^l - p^{l-1}$,即
$$\varphi(p^l) = p^l - p^{l-1} = p^{l-1}(p-1)$$

由引理10得到 $\varphi(2)=1, \varphi(3)=2, \varphi(4)=2, \varphi(5)=4, \varphi(7)=6, \varphi(8)=4, \varphi(9)=6, \varphi(11)=10, \varphi(13)=12, \varphi(16)=8, \varphi(17)=16, \varphi(19)=18$.

5.4 简化剩余系

如果 m 是一个大于1的整数,由定义1知道不大于 m 而和 m 互素的正整数有 $\varphi(m)$ 个. 现设 $1 < a_2 < \cdots < a_{\varphi(m)}$ 是不大于 m 而和 m 互素的全体正整数. 我们把被 m 除后,余数是1的所有整数(即 $mn+1$ 形状的所有整数,其中 $n=0$,$\pm 1, \pm 2, \cdots$)划成一类;把被 m 除后,余数是 a_2 的所有整数(即 $mn+a_2$ 形状的所有整数,其中 $n=0, \pm 1, \pm 2, \cdots$)划成一类;……;把被 m 除后,余数是 $a_{\varphi(m)}$ 的所有整数(即 $mn+a_{\varphi(m)}$ 形状的所有整数,其中 $n=0, \pm 1, \pm 2, \cdots$)划成一

类. 以 m 为模,则任何一个整数一定和下列 m 个整数
$$0,1,\cdots,m-1$$
之一同余. 由引理 9 知道,如果 a 和 b 对于模 m 同余,则由 $(a,m)=1$ 可得到 $(b,m)=1$. 因而以 m 为模,任何一个和 m 互素的整数一定和下列 $\varphi(m)$ 个整数
$$1,a_2,\cdots,a_{\varphi(m)}$$
之一同余. 故按照前面分类的方法,我们就把全体和 m 互素的整数分成为 $\varphi(m)$ 类. 从每一类当中各取出一个整数,则这 $\varphi(m)$ 个整数就叫做以 m 为模的一个简化剩余系.

例 6 求证 $4,8,16,28,32,44,52,56$ 是模 15 的一个简化剩余系.

证 由于小于 15 而和 15 互素的正整数共有 8 个,即
$$1,2,4,7,8,11,13,14$$
我们有
$$4 \equiv 4 \pmod{15}, 8 \equiv 8 \pmod{15}, 16 \equiv 1 \pmod{15}$$
$$28 \equiv 13 \pmod{15}, 32 \equiv 2 \pmod{15}, 44 \equiv 14 \pmod{15}$$
$$52 \equiv 7 \pmod{15}, 56 \equiv 11 \pmod{15}$$
由于 $4,8,1,13,2,14,7,11$ 和 $1,2,4,7,8,11,13,14$ 只是在次序上不同,所以 $4,8,16,28,32,44,52,56$ 是模 15 的一个简化剩余系.

引理 11 设 m 是一个大于 1 的整数,$b_1,b_2,\cdots,b_{\varphi(m)}$ 是模 m 的一个简化剩余系. 如在 $b_1,b_2,\cdots,b_{\varphi(m)}$ 中任取出两个整数,则这两个整数对模 m 是不同余的. 如在 $b_1,b_2,\cdots,b_{\varphi(m)}$ 中任取出一个整数,则这个整数是和 m 互素的.

证 设 $1 < a_2 < \cdots < a_{\varphi(m)}$ 是不大于 m 而和 m 互素的全体正整数. 令 r_i(其中 $i = 1,2,\cdots,m$) 是一个整数,满足条件
$$b_i \equiv r_i \pmod{m}, 0 \leq r_i \leq m-1$$
则我们有
$$b_1 \equiv r_1 \pmod{m}, b_2 \equiv r_2 \pmod{m}, \cdots, b_{\varphi(m)} \equiv r_{\varphi(m)} \pmod{m} \qquad (9)$$
其中 $0 \leq r_1 \leq m-1, 0 \leq r_2 \leq m-1, \cdots, 0 \leq r_{\varphi(m)} \leq m-1$. 由于 $b_1,b_2,\cdots,b_{\varphi(m)}$ 是模 m 的一个简化剩余系,所以 $r_1,r_2,\cdots,r_{\varphi(m)}$ 和 $1,a_2,\cdots,a_{\varphi(m)}$ 只是在次序上可能有不同. 由于在 $1,a_2,\cdots,a_{\varphi(m)}$ 中,任取出两个整数时,这两个整数对模 m 是不同余的,所以在 $r_1,r_2,\cdots,r_{\varphi(m)}$ 中任取出两个整数时,这两个整数对模 m 是不同余的. 故由式(9)知道,在 $b_1,b_2,\cdots,b_{\varphi(m)}$ 中任取出两个整数,则这两个整数对模 m 是不同余的. 由于在 $1,a_2,\cdots,a_{\varphi(m)}$ 中,任取出一个整数时,这个整数和 m 是互素的,所以在 $r_1,r_2,\cdots,r_{\varphi(m)}$ 中,任取出一个整数时,这个整数和 m 是互素的. 故由式(9)和引理9知道,在 $b_1,b_2,\cdots,b_{\varphi(m)}$ 中任取出一个整数时,则这个整数是和 m 互素的.

引理 12 设 m 是一个大于 1 的整数,$b_1,b_2,\cdots,b_{\varphi(m)}$ 是 $\varphi(m)$ 个和 m 互素

的整数. 又设在 $b_1, b_2, \cdots, b_{\varphi(m)}$ 中任取出两个整数时, 这两个整数对模 m 是不同余的, 则 $b_1, b_2, \cdots, b_{\varphi(m)}$ 是模 m 的一个简化剩余系.

证 设 $1 < a_2 < \cdots < a_{\varphi(m)}$ 是不大于 m 而和 m 互素的全体正整数. 令 r_i(其中 $i = 1, 2, \cdots, m$) 是一个整数, 满足条件
$$b_i \equiv r_i (\bmod m), 0 \leqslant r_i \leqslant m - 1$$
则我们有
$$b_1 \equiv r_1(\bmod m), b_2 \equiv r_2(\bmod m), \cdots, b_{\varphi(m)} \equiv r_{\varphi(m)}(\bmod m) \quad (10)$$
其中 $0 \leqslant r_1 \leqslant m-1, 0 \leqslant r_2 \leqslant m-1, \cdots, 0 \leqslant r_{\varphi(m)} \leqslant m-1$. 由于在 $b_1, b_2, \cdots, b_{\varphi(m)}$ 中, 任取出一个整数时, 这个整数和 m 是互素的, 故由式(10)和引理9知道, 在 $r_1, r_2, \cdots, r_{\varphi(m)}$ 中任取出一个整数时, 则这个整数是和 m 互素的. 由于在 $b_1, b_2, \cdots, b_{\varphi(m)}$ 中任取出两个整数时, 这两个整数对模 m 是不同余的, 故由式(10)知道, 在 $r_1, r_2, \cdots, r_{\varphi(m)}$ 中任取出两个整数时, 则这两个整数对模 m 是不同余的. 因而 $r_1, r_2, \cdots, r_{\varphi(m)}$ 和 $1, a_2, \cdots, a_{\varphi(m)}$ 只是在次序上可能有不同, 即 $b_1, b_2, \cdots, b_{\varphi(m)}$ 是模 m 的一个简化剩余系.

引理 13 设 m 是一个大于 1 的整数, a 是一个整数且满足条件 $(a, m) = 1$. 如果 $b_1, b_2, \cdots, b_{\varphi(m)}$ 是模 m 的一个简化剩余系, 则
$$ab_1, ab_2, \cdots, ab_{\varphi(m)}$$
也是模 m 的一个简化剩余系.

证 由于引理11和 $b_1, b_2, \cdots, b_{\varphi(m)}$ 是模 m 的一个简化剩余系, 我们知道在 $b_1, b_2, \cdots, b_{\varphi(m)}$ 中任取出一个整数时, 这个整数和 m 是互素的. 由于 $(a, m) = 1$, 我们知道在 $ab_1, ab_2, \cdots, ab_{\varphi(m)}$ 中任取出一个整数时, 则这个整数和 m 是互素的. 设在 $ab_1, ab_2, \cdots, ab_{\varphi(m)}$ 中存在两个整数 ab_k, ab_λ(其中 $1 \leqslant k < \lambda \leqslant \varphi(m)$), 使得
$$ab_k \equiv ab_\lambda (\bmod m) \quad (11)$$
成立. 由 $(a, m) = 1$, 式(11)和引理2, 我们有
$$b_k \equiv b_\lambda (\bmod m) \quad (12)$$
由于引理11和 $b_1, b_2, \cdots, b_{\varphi(m)}$ 是模 m 的一个简化剩余系, 故在 $b_1, b_2, \cdots, b_{\varphi(m)}$ 中任取出两个整数时, 这两个整数对模 m 是不同余的, 故式(12)不成立, 从而式(11)不成立. 因而在 $ab_1, ab_2, \cdots, ab_{\varphi(m)}$ 中任取出两个整数时, 则这两个整数对模 m 是不同余的. 由引理12及在 $ab_1, ab_2, \cdots, ab_{\varphi(m)}$ 中任取出一个整数时, 这个整数和 m 是互素的, 得到 $ab_1, ab_2, \cdots, ab_{\varphi(m)}$ 是模 m 的一个简化剩余系.

5.5 欧拉定理、费马定理及其应用

定理 1 (欧拉) 设 m 是一个大于 1 的整数, a 是一个整数且满足条件 $(a,$

$m) = 1$,则我们有
$$a^{\varphi(m)} \equiv 1 \pmod{m}$$

证 设 $1 < a_2 < \cdots < a_{\varphi(m)}$ 是不大于 m 而和 m 互素的全体正整数,令 r_1 是一个整数,满足条件
$$a \equiv r_1 \pmod{m}, 0 \leq r_1 \leq m - 1$$
令 r_i(其中 $i = 2, \cdots, \varphi(m)$)是一个整数,满足条件
$$a a_i \equiv r_i \pmod{m}, 0 \leq r_i \leq m - 1$$
则我们有
$$a \equiv r_1 \pmod{m}, a a_2 \equiv r_2 \pmod{m}, \cdots, a a_{\varphi(m)} \equiv r_{\varphi(m)} \pmod{m} \quad (13)$$
其中 $0 \leq r_1 \leq m - 1, 0 \leq r_2 \leq m - 1, \cdots, 0 \leq r_{\varphi(m)} \leq m - 1$. 由于 $1, a_2, \cdots, a_{\varphi(m)}$ 是模 m 的一个简化剩余系,并由于 $(a, m) = 1$ 和引理 13,我们知道 $a, a a_2, \cdots, a a_{\varphi(m)}$ 是模 m 的一个简化剩余系,所以 $r_1, r_2, \cdots, r_{\varphi(m)}$ 和 $1, a_2, \cdots, a_{\varphi(m)}$ 只是在次序上可能有不同,故得
$$r_1 r_2 \cdots r_{\varphi(m)} = a_2 \cdots a_{\varphi(m)} \quad (14)$$
由于式(13)和 $a(a a_2) \cdots (a a_{\varphi(m)}) = a^{\varphi(m)} a_2 \cdots a_{\varphi(m)}$,我们有
$$a^{\varphi(m)} a_2 \cdots a_{\varphi(m)} \equiv r_1 r_2 \cdots r_{\varphi(m)} \pmod{m} \quad (15)$$
由式(14)和(15)我们有
$$a^{\varphi(m)} a_2 \cdots a_{\varphi(m)} \equiv a_2 \cdots a_{\varphi(m)} \pmod{m} \quad (16)$$
由于 $a_2, \cdots, a_{\varphi(m)}$ 都是和 m 互素的,所以 $a_2 \cdots a_{\varphi(m)}$ 和 m 互素,故由引理 2 知道可以把 $a_2 \cdots a_{\varphi(m)}$ 从式(16)的两边同时消去,所以我们有
$$a^{\varphi(m)} \equiv 1 \pmod{m}$$

定理 2 (费马) 如果 p 是一个素数,$p \nmid a$,则我们有
$$a^{p-1} \equiv 1 \pmod{p}$$

证 由引理 10 我们有 $\varphi(p) = p - 1$. 由于 p 是一个素数,$p \nmid a$,得到 $(p, a) = 1$. 在定理 1 中取 $m = p$,得到
$$a^{p-1} \equiv 1 \pmod{p}$$

由 $341 = 11 \times 31$,所以 341 不是素数. 由 $1024 = 341 \times 3 + 1$,得到 $1024 \equiv 1 \pmod{341}$. 由 $2^{340} = (2^{10})^{34} = (1024)^{34}$ 和引理 3,得到 $2^{340} \equiv 1 \pmod{341}$. 所以说,存在一个正整数 m 和一个整数 a, $m \nmid a$,这里 m 不是素数,使得 $a^{m-1} \equiv 1 \pmod{m}$,即定理 2 的逆定理不成立.

例 7 设 a, b, c 都是正整数,如果今天是星期天,请问经过 a^{b^c} 天后是星期几?

解 设 $a = 7m + a_1$,其中 m 和 a_1 都是非负整数且 $a_1 \leq 6$. 当 $a_1 = 0$ 时,有 $7 \mid a$,而得到 $7 \mid a^{b^c}$. 故经过 a^{b^c} 天后还是星期天.

现在我们假定 $1 \leq a_1 \leq 6$. 由 $a = 7m + a_1$ 得到 $a \equiv a_1 \pmod 7$. 由引理 3 我

们有
$$a^{b^c} \equiv a_1^{b^c} \pmod{7} \tag{17}$$
由于 a_1 是一个不大于 6 的正整数,故有 $(a_1, 7) = 1$. 由于 7 是一个素数,故由定理 2 我们有
$$a_1^6 \equiv 1 \pmod{7} \tag{18}$$

现在设 $b = 6n + b_1$,其中 n 和 b_1 都是非负整数且 $b_1 \leq 5$. 由 $b = 6n + b_1$ 我们有
$$b \equiv b_1 \pmod{6} \tag{19}$$

当 $b_1 = 0$ 时,由式 (19) 得到 $6 \mid b$,故得 $6 \mid b^c$. 由式 (18) 和引理 3,我们有 $a_1^{b^c} \equiv 1 \pmod{7}$,由式 (17) 和引理 1,我们有 $a^{b^c} \equiv 1 \pmod{7}$. 即经过 a^{b^c} 天后,应该是星期一.

当 $b_1 = 1$ 时,由式 (19) 有 $b \equiv 1 \pmod{6}$. 由引理 3 有 $b^c \equiv 1 \pmod{6}$. 设 $b^c = 6n_1 + 1$,其中 n_1 是一个非负整数. 由式 (18) 和引理 3,我们有 $a_1^{6n_1} \equiv 1 \pmod{7}$. 由 $b^c = 6n_1 + 1$ 得到 $a_1^{b^c} \equiv a_1 \pmod{7}$. 故由式 (17) 和引理 1,我们有 $a^{b^c} \equiv a_1 \pmod{7}$. 即经过 a^{b^c} 天后,应该是星期 a_1.

当 $b_1 = 2$ 时,由式 (19) 有 $b \equiv 2 \pmod{6}$. 由引理 3,有 $b^c \equiv 2^c \pmod{6}$. 现在设 $c = 2c_1 + 1$,其中 c_1 是一个非负整数,这时我们有 $2^c \equiv 2 \pmod 6$. 由 $b^c \equiv 2^c \pmod 6$ 和引理 1,我们有 $b^c \equiv 2 \pmod 6$. 设 $b^c = 6n_1 + 2$,其中 n_1 是一个非负整数. 由式 (18) 和引理 3,我们有 $a_1^{6n_1} \equiv 1 \pmod 7$. 由 $b^c = 6n_1 + 2$,得到 $a_1^{b^c} \equiv a_1^2 \pmod 7$. 故由式 (17) 和引理 1,我们有 $a^{b^c} \equiv a_1^2 \pmod 7$. 我们又有
$$1^2 \equiv 1 \pmod 7, 2^2 \equiv 4 \pmod 7, 3^2 \equiv 2 \pmod 7$$
$$4^2 \equiv 2 \pmod 7, 5^2 \equiv 4 \pmod 7, 6^2 \equiv 1 \pmod 7$$
故当 c 是奇正整数,$a_1 = 1$ 或 $a_1 = 6$ 时,有 $a^{b^c} \equiv 1 \pmod 7$. 当 c 是奇正整数,$a_1 = 2$ 或 $a_1 = 5$ 时,有 $a^{b^c} \equiv 4 \pmod 7$. 当 c 是奇正整数,$a_1 = 3$ 或 $a_1 = 4$ 时,有 $a^{b^c} \equiv 2 \pmod 7$. 即当 c 是奇正整数而 $a_1 = 1$ 或 $a_1 = 6$ 时,经过 a^{b^c} 天后,应该是星期一. 当 c 是奇正整数而 $a_1 = 2$ 或 $a_2 = 5$ 时,经过 a^{b^c} 天后,应该是星期四. 当 c 是奇正整数而 $a_1 = 3$ 或 $a_1 = 4$ 时,经过 a^{b^c} 天后,应该是星期二. 当 $c = 2c_2 + 2$,其中 c_2 是一个非负整数时,我们有 $2^c \equiv 4 \pmod 6$. 由 $b^c \equiv 2^c \pmod 6$ 和引理 1,我们有 $b^c \equiv 4 \pmod 6$,设 $b^c = 6n_2 + 4$,其中 n_2 是一个非负整数,由式 (18) 和引理 3,我们有 $a_1^{6n_1} \equiv 1 \pmod 7$. 由 $b^c = 6n_2 + 4$ 得到 $a_1^{b^c} \equiv a_1^4 \pmod 7$. 故由式 (17) 和引理 1,我们有 $a^{b^c} \equiv a_1^4 \pmod 7$,我们又有
$$1^4 \equiv 1 \pmod 7, 2^4 \equiv 2 \pmod 7, 3^4 \equiv 4 \pmod 7$$
$$4^4 \equiv 4 \pmod 7, 5^4 \equiv 2 \pmod 7, 6^4 \equiv 1 \pmod 7$$

故当 c 是偶正整数,$a_1 = 1$ 或 $a_1 = 6$ 时,有 $a^{b^c} \equiv 1 \pmod{7}$. 当 c 是偶正整数,$a_1 = 2$ 或 $a_1 = 5$ 时,有 $a^{b^c} \equiv 2 \pmod{7}$. 当 c 是偶正整数,$a_1 = 3$ 或 $a_1 = 4$ 时,有 $a^{b^c} \equiv 4 \pmod{7}$. 即当 c 是偶正整数而 $a_1 = 1$ 或 $a_1 = 6$ 时,经过 a^{b^c} 天后,应该是星期一. 当 c 是偶正整数而 $a_1 = 2$ 或 $a_1 = 5$ 时,经过 a^{b^c} 天后,应该是星期二. 当 c 是偶正整数而 $a_1 = 3$ 或 $a_1 = 4$ 时,经过 a^{b^c} 天后,应该是星期四.

当 $b_1 = 3$ 时,由式(19) 有 $b \equiv 3 \pmod 6$. 由引理 3,有 $b^c \equiv 3^c \pmod 6$. 由于 c 是一个正整数,我们有 $3^c \equiv 3 \pmod 6$,故由引理 1 我们有 $b^c \equiv 3 \pmod 6$. 设 $b^c = 6n_1 + 3$,其中 n_1 是一个非负整数. 由式(18) 和引理 3,我们有 $a_1^{6n_1} \equiv 1 \pmod 7$. 由 $b^c = 6n_1 + 3$,得到 $a_1^{b^c} \equiv a_1^3 \pmod 7$. 故由式(17) 和引理 1. 我们有 $a^{b^c} \equiv a_1^3 \pmod 7$. 我们又有
$$1^3 \equiv 1 \pmod 7, 2^3 \equiv 1 \pmod 7, 3^3 \equiv 6 \pmod 7$$
$$4^3 \equiv 1 \pmod 7, 5^3 \equiv 6 \pmod 7, 6^3 \equiv 6 \pmod 7$$
即当 $a_1 = 1, 2, 4$ 时,有 $a^{b^c} \equiv 1 \pmod 7$,而当 $a_1 = 3, 5, 6$ 时,有 $a^{b^c} \equiv 6 \pmod 7$. 故当 $a_1 = 1, 2, 4$ 时,经过 a^{b^c} 天后,应该是星期一,而当 $a_1 = 3, 5, 6$ 时,经过 a^{b^c} 天后,应该是星期六.

当 $b_1 = 4$ 时,由式(19) 有 $b \equiv 4 \pmod 6$. 由引理 3,有 $b^c \equiv 4^c \pmod 6$. 由于 c 是一个正整数,我们有 $4^c \equiv 4 \pmod 6$,故由引理 1 我们有 $b^c \equiv 4 \pmod 6$. 设 $b^c = 6n_1 + 4$,其中 n_1 是一个非负整数. 由式(18) 和引理 3,我们有 $a_1^{6n_1} \equiv 1 \pmod 7$. 由 $b^c = 6n_1 + 4$,得到 $a_1^{b^c} \equiv a_1^4 \pmod 7$. 故由式(17) 和引理 1,我们有 $a^{b^c} \equiv a_1^4 \pmod 7$,我们又有
$$1^4 \equiv 1 \pmod 7, 2^4 \equiv 2 \pmod 7, 3^4 \equiv 4 \pmod 7$$
$$4^4 \equiv 4 \pmod 7, 5^4 \equiv 2 \pmod 7, 6^4 \equiv 1 \pmod 7$$
故当 $a_1 = 1$ 或 $a_1 = 6$ 时,有 $a^{b^c} \equiv 1 \pmod 7$. 当 $a_1 = 2$ 或 $a_1 = 5$ 时,有 $a^{b^c} \equiv 2 \pmod 7$. 当 $a_1 = 3$ 或 $a_1 = 4$ 时,有 $a^{b^c} \equiv 4 \pmod 7$,即当 $a_1 = 1$ 或 $a_1 = 6$ 时,经过 a^{b^c} 天后,应该是星期一. 当 $a_1 = 2$ 或 $a_1 = 5$ 时,经过 a^{b^c} 天后,应该是星期二. 当 $a_1 = 3$ 或 $a_1 = 4$ 时,经过 a^{b^c} 天后,应该是星期四.

当 $b_1 = 5$ 时,由式(19) 有 $b \equiv 5 \pmod 6$. 由引理 3,有 $b^c \equiv 5^c \pmod 6$. 现在设 $c = 2c_1 + 1$,其中 c_1 是一个非负整数,我们有 $5^c \equiv 5 \pmod 6$. 由 $b^c \equiv 5^c \pmod 6$ 和引理 1,我们有 $b^c \equiv 5 \pmod 6$. 设 $b^c = 6n_1 + 5$,其中 n_1 是一个非负整数. 由式(18) 和引理 3,我们有 $a_1^{6n_1} \equiv 1 \pmod 7$. 由 $b^c = 6n_1 + 5$,得到 $a_1^{b^c} \equiv a_1^5 \pmod 7$. 故由式(17) 和引理 1,我们有 $a^{b^c} \equiv a_1^5 \pmod 7$. 我们又有
$$1^5 \equiv 1 \pmod 7, 2^5 \equiv 4 \pmod 7, 3^5 \equiv 5 \pmod 7$$
$$4^5 \equiv 2 \pmod 7, 5^5 \equiv 3 \pmod 7, 6^5 \equiv 6 \pmod 7$$

即当 $a_1 = 1$ 时,经过 a^{b^c} 天后,应该是星期一. 当 $a_t = 2$ 时,经过 a^{b^c} 天后,应该是星期四. 当 $a_1 = 3$ 时,经过 a^{b^c} 天后,应该是星期五. 当 $a_1 = 4$ 时,经过 a^{b^c} 天后,应该是星期二. 当 $a_1 = 5$ 时,经过 a^{b^c} 天后,应该是星期三. 当 $a_1 = 6$ 时,经过 a^{b^c} 天后,应该是星期六. 现在设 $c = 2c_2 + 2$,其中 c_2 是一个非负整数,这时我们有 $5^c \equiv 1 \pmod 6$. 由 $b^c \equiv 5^c \pmod 6$ 和引理 1,我们有 $b^c \equiv 1 \pmod 6$. 设 $b^c = 6n_1 + 1$,其中 n_1 是一个非负整数. 由式(18)和引理 3,我们有 $a_1^{6n_1} \equiv 1 \pmod 7$. 由 $b^c = 6n_1 + 1$,得到 $a_1^{b^c} \equiv a_1 \pmod 7$. 故由式(17)和引理 1,我们有 $a^{b^c} \equiv a_1 \pmod 7$. 即当 c 是偶正整数时,经过 a^{b^c} 天后,应该是星期 a_1.

例 8 求 $(12\,371^{56} + 34)^{28}$ 被 111 除的余数.

解 $12\,371 = 111^2 + 50$,得到 $12\,371 \equiv 50 \pmod{111}$. 由引理 3,我们有

$$12\,371^{56} \equiv 50^{56} \pmod{111} \tag{20}$$

我们又有 $(50)^{28} = (125\,000)^9 (50)$,$125\,000 \equiv 14 \pmod{111}$,故由引理 3,得到

$$(50)^{28} \equiv (14)^9 (50) \pmod{111} \tag{21}$$

又由 $14^3 \equiv 80 \pmod{111}$,$(80)^3 \equiv 68 \pmod{111}$,$(68)(50) \equiv 70 \pmod{111}$,得到

$$(50)^{28} \equiv 70 \pmod{111} \tag{22}$$

由引理 3,我们有 $(50)^{56} \equiv 70^2 \pmod{111}$. 我们又有 $70^2 \equiv 16 \pmod{111}$,由式(20)得到 $12\,371^{56} \equiv 16 \pmod{111}$. 由引理 3,我们有 $(12\,371^{56} + 34)^{28} \equiv 50^{28} \pmod{111}$. 由式(22)得到 $(12\,371^{56} + 34)^{28} \equiv 70 \pmod{111}$. 故得到 $(12\,371^{56} + 34)^{28}$ 被 111 除的余数是 70.

例 1 的证明 在例 7 中取 $a = 773$,$m = 110$,$a_1 = 3$,$b = 3\,169$,$n = 528$,$b_1 = 1$. 由例 7 知道如果今天是星期天,则经过 $773^{3\,169^c}$ 天后,应该是星期三.

引理 14 如果 $a = p_1^{\alpha_1} \cdots p_n^{\alpha_n}$,其中 $p_1, \cdots, p_n$ 都是素数而 $\alpha_1, \cdots, \alpha_n$ 都是正整数,则我们有

$$\varphi(a) = p_1^{\alpha_1 - 1}(p_1 - 1) \cdots p_n^{\alpha_n - 1}(p_n - 1)$$

证 当 $n = 1$ 时,由引理 10 知道本引理成立,现在设 $n \geq 2$. 不大于 a 的 p_1 的倍数是

$$p_1, 2p_1, \cdots, \frac{a}{p_1} p_1$$

共有 $\frac{a}{p_1}$ 个,故不大于 a 而和 p_1 互素的正整数共有

$$a - \frac{a}{p_1} = a\left(1 - \frac{1}{p_1}\right) \tag{23}$$

个,不大于 a 的 p_2 的倍数是

$$p_2, 2p_2, 3p_2, \cdots, \frac{a}{p_2}p_2$$

共有 $\frac{a}{p_2}$ 个,但在 $p_2, 2p_2, 3p_2, \cdots, \frac{a}{p_2}p_2$ 中,有 p_1 的倍数,即

$$p_1 p_2, 2p_1 p_2, 3p_1 p_2, \cdots, \frac{a}{p_1 p_2}p_1 p_2$$

共有 $\frac{a}{p_1 p_2}$ 个,故不大于 a 而只为 p_2 的倍数不同时为 p_1 的倍数的正整数共有

$$\frac{a}{p_2} - \frac{a}{p_1 p_2} = \frac{a}{p_2}\left(1 - \frac{1}{p_1}\right) \tag{24}$$

个,故不大于 a 而和 p_1, p_2 都是互素的正整数共有

$$a\left(1 - \frac{1}{p_1}\right) - \frac{a}{p_2}\left(1 - \frac{1}{p_1}\right) = a\left(1 - \frac{1}{p_1}\right)\left(1 - \frac{1}{p_2}\right) \tag{25}$$

个. 当 $n = 2$ 时,由 $a = p_1^{\alpha_1} p_2^{\alpha_2}$ 和式(25)我们有

$$\varphi(a) = p_1^{\alpha_1 - 1}(p_1 - 1)p_2^{\alpha_2 - 1}(p_2 - 1)$$

故当 $n = 2$ 时本引理成立,现在设 $n \geq 3$,不大于 a 的 p_3 的倍数是

$$p_3, 2p_3, 3p_3, \cdots, \frac{a}{p_3}p_3$$

共有 $\frac{a}{p_3}$ 个,但在 $p_3, 2p_3, 3p_3, \cdots, \frac{a}{p_3}p_3$ 中,有 p_1 的倍数,即

$$p_1 p_3, 2p_1 p_3, \cdots, \frac{a}{p_1 p_3}p_1 p_3$$

共有 $\frac{a}{p_1 p_3}$ 个,在 $p_3, 2p_3, 3p_3, \cdots, \frac{a}{p_3}p_3$ 中,有 p_2 的倍数,即

$$p_2 p_3, 2p_2 p_3, \cdots, \frac{a}{p_2 p_3}p_2 p_3$$

共有 $\frac{a}{p_2 p_3}$ 个,在 $p_1 p_3, 2p_1 p_3, \cdots, \frac{a}{p_1 p_3}p_1 p_3$ 中,有 p_2 的倍数,即

$$p_1 p_2 p_3, 2p_1 p_2 p_3, \cdots, \frac{a}{p_1 p_2 p_3}p_1 p_2 p_3$$

共有 $\frac{a}{p_1 p_2 p_3}$ 个. 在 $p_2 p_3, 2p_2 p_3, \cdots, \frac{a}{p_2 p_3}p_2 p_3$ 中,有 p_1 的倍数,即

$$p_1 p_2 p_3, 2p_1 p_2 p_3, \cdots, \frac{a}{p_1 p_2 p_3}p_1 p_2 p_3$$

共有 $\frac{a}{p_1 p_2 p_3}$ 个,故不大于 a 而只为 p_3 的倍数并且和 p_1, p_2 都是互素的正整数共有

$$\frac{a}{p_3} - \frac{a}{p_1 p_3} - \frac{a}{p_2 p_3} + \frac{a}{p_1 p_2 p_3} = \frac{a}{p_3}\left(1 - \frac{1}{p_1}\right)\left(1 - \frac{1}{p_2}\right) \tag{26}$$

个,由式(25)和(26)知道,不大于 a 而和 p_1,p_2,p_3 都是互素的正整数共有

$$a\left(1-\frac{1}{p_1}\right)\left(1-\frac{1}{p_2}\right)-\frac{a}{p_3}\left(1-\frac{1}{p_1}\right)\left(1-\frac{1}{p_2}\right)=$$
$$a\left(1-\frac{1}{p_1}\right)\left(1-\frac{1}{p_2}\right)\left(1-\frac{1}{p_3}\right) \tag{27}$$

个. 当 $n=3$ 时,由 $a=p_1^{\alpha_1}p_2^{\alpha_2}p_3^{\alpha_3}$ 和式(27)我们有

$$\varphi(a)=p_1^{\alpha_1-1}(p_1-1)p_2^{\alpha_2-1}(p_2-1)p_3^{\alpha_3-1}(p_3-1)$$

故当 $n=3$ 时本引理成立. 当 $n\geq 4$ 时,可用同样方法做下去. 我们最后必得到,不大于 a 而 $p_1,p_2,\cdots,p_n$ 都是互素的正整数(也就是不大于 a 而和 a 互素的正整数)共有

$$a\left(1-\frac{1}{p_1}\right)\left(1-\frac{1}{p_2}\right)\cdots\left(1-\frac{1}{p_n}\right)$$

个,即 $\varphi(a)=p_1^{\alpha_1-1}(p_1-1)\cdots p_n^{\alpha_n-1}(p_n-1)$.

例9 $3^{8\,232\,010}-59\,049$ 能被 $24\,010\,000$ 整除.

证 由 $24\,010\,000=2^4 5^4 7^4$ 和引理14,我们有

$$\varphi(24\,010\,000)=2^3\times 5^3\times 4\times 7^3\times 6=8\,232\,000$$

故由定理1我们有

$$3^{8\,232\,000}\equiv 1(\bmod\ 24\,010\,000) \tag{28}$$

由式(28)我们有

$$3^{8\,232\,000}-54\,049\equiv 3^{10}-59\,049(\bmod\ 24\,010\,000) \tag{29}$$

由 $3^{10}=59\,049$ 和式(29)我们知道例9成立.

例2 的证明 由 $(70,111)=1$ 和例8中的 $(12\,371^{56}+34)^{28}\equiv 70(\bmod\ 111)$,得到 $(12\,371^{56}+34,111)=1$. 由于 $111=3\times 37$ 和引理14,我们有 $\varphi(111)=2\times 36=72$. 由于 c 是一个正整数并由于定理1,我们有 $(12\,371^{56}+34)^{72c}\equiv 1(\bmod\ 111)$,故得到

$$(12\,371^{56}+34)^{72c+28}\equiv 70(\bmod\ 111)$$

例10 设 n 是一个正整数而 p 是一个素数,请证明

$$1+\varphi(p)+\cdots+\varphi(p^n)=p^n \tag{30}$$

证 由引理10我们有 $1+\varphi(p)=1+p-1=p$,故当 $n=1$ 时,式(30)成立. 现设 $n\geq 2$,由引理10我们有

$$1+\varphi(p)+\cdots+\varphi(p^n)=$$
$$1+p-1+\cdots+p^{n-1}(p-1)=p^n$$

习　题

1. 设 m_1,m_2 是互素的两个正整数,则当 x_1,x_2 分别通过模 m_1,m_2 的完全剩

余系时，$m_2x_1 + m_1x_2$ 通过模 m_1m_2 的完全剩余系.

2. 设 $m_1, m_2, \cdots, m_k$ 是 k 个两两互素的正整数，则当 $x_1, x_2, \cdots, x_k$ 分别通过模 $m_1, m_2, \cdots, m_k$ 的完全剩余系时，$M_1x_1 + M_2x_2 + \cdots + M_kx_k$ 通过模 $m_1m_2\cdots m_k$ 的完全剩余系. 这里的 $M_1, M_2, \cdots, M_k$ 由下式定义
$$m_1m_2\cdots m_k = m_1M_1 = m_2M_2 = \cdots = m_kM_k$$

3. 设 $m_1, m_2, \cdots, m_k$ 是 k 个两两互素的正整数，则当 $x_1, x_2, \cdots, x_k$ 分别通过模 $m_1, m_2, \cdots, m_k$ 的完全剩余系时，$x_1 + m_1x_2 + m_1m_2x_3 + \cdots + m_1m_2\cdots m_{k-1}x_k$ 通过模 $m_1m_2\cdots m_k$ 的完全剩余系.

4. 证明欧拉函数的下列性质：
（1）若 $N > 2$，则 $\varphi(N)$ 必定是偶数；
（2）假若 $(a, b) = 1$，则有 $\varphi(ab) = \varphi(a) \cdot \varphi(b)$.

5. 设 $N > 1$，证明：不大于 N 且与 N 互素的所有正整数的和是 $\frac{1}{2}N \cdot \varphi(N)$.

6. 假设 $m > 1$ 是正整数，$(a, m) = 1$，又假定 $b_1, b_2, \cdots, b_{\varphi(m)}$ 是模 m 的一个简化剩余系，而 $ab_i \equiv r_i \pmod{m}$ $(0 \leq r_i < m, 1 \leq i \leq \varphi(m))$，则
$$\frac{1}{m}(r_1 + r_2 + \cdots + r_{\varphi(m)}) = \frac{1}{2}\varphi(m)$$

7. 设 $m_1, m_2, \cdots, m_k$ 是 k 个两两互素的正整数，则当 $x_1, x_2, \cdots, x_k$ 分别通过模 $m_1, m_2, \cdots, m_k$ 的简化剩余系时，$M_1x_1 + M_2x_2 + \cdots + M_kx_k$ 通过模 $m_1m_2\cdots m_k$ 的简化剩余系. 这里的 $M_1, M_2, \cdots, M_k$ 由下式定义：
$$m_1M_1 = m_2M_2 = \cdots = m_kM_k = m_1m_2\cdots m_k$$

8. （1）设 $N = 9\,450$，求 $\varphi(N)$.
（2）求不大于 $9\,450$ 且与 $9\,450$ 互素的全体正整数的和.

9. （1）判断 $121^6 - 1$ 能否被 21 整除.
（2）求 $8^{4\,965}$ 除以 13 后的余数.
（3）设 p 是除 2 和 5 以外的任一素数，试证 $p \mid \underbrace{99\cdots 9}_{(p-1)k\uparrow}$，$k$ 是任意正整数.

10. 我们称 $F_n = 2^{2^n} + 1$ 为费马数，试证 $641 \mid F_5$.

11. 假设 p 是素数，a 和 b 是任意两个整数，则有
$$(a + b)^p \equiv a^p + b^p \pmod{p}$$

12. 求正整数 n 和 m，$n > m \geq 1$，使得 $1\,978^n$ 与 $1\,978^m$ 的最后三位数相等，并且使 $n + m$ 为最小.（第 20 届国际中学生数学竞赛题）

13. 设手表上的指针都从 12 点钟开始走，当分针转过了 a^{b^c} 圈后（其中 a, b, c 都是正整数），问这时手表的指针指的是几点钟？

小数、分数和实数

第 6 章

6.1 分数化小数

在本章中我们假定分数中的分子和分母都是正整数,我们可以把分数分成为下列三种:

(1) 真分数. 分子小于分母的分数,它们都大于 0 而小于 1. 大于 0 而小于 1 的分数叫作真分数.

例如 $\dfrac{3}{8}, \dfrac{1}{2}, \dfrac{4}{7}, \dfrac{12}{37}, \dfrac{23}{74}, \dfrac{97}{100}, \dfrac{999}{1\,000}, \cdots$,这些分数的分子小于分母,因而它们都小于 1,所以都是真分数.

(2) 假分数. 分子等于分母或分子大于分母的分数,它们等于 1 或大于 1. 等于 1 或大于 1 的分数叫作假分数.

例如 $\dfrac{5}{3}, \dfrac{1\,011}{1\,000}, \dfrac{3}{2}, \dfrac{4}{4}, \dfrac{4}{3}, \dfrac{111}{100}, \dfrac{1\,001}{1\,000}, \cdots$,这些分数都是假分数.

(3) 带分数. 整数后面带有分数叫作带分数.

例如 $3\dfrac{1}{4}, 11\dfrac{2}{5}, 105\dfrac{4}{5}, 110\dfrac{3}{7}, \cdots$,这些分数都是带分数.

现在我们要来讨论将分数化成小数的问题. 因为假分数等于整数或整数加真分数,而带分数等于整数加真分数,所以我们将只讨论真分数. 设 $\frac{a}{b}$ 是真分数,则 $0 < a < b$. 当 $(a,b) = 1$ 时,则 $\frac{a}{b}$ 叫作既约真分数. 当 $\frac{a}{b}$ 不是既约真分数时,则有 $(a,b) = d > 1$,这时存在正整数 a_1, b_1 使得 $a = a_1 d, b = b_1 d$, $(a_1, b_1) = 1$ 而有 $\frac{a}{b} = \frac{a_1}{b_1}$. 因而任何一个真分数都可以化成既约真分数,所以我们将只讨论既约真分数.

由于 $1, 2, \cdots, p-1$ 都是和 p 互素的,所以以素数 p 作分母的所有真分数都是既约真分数. 设 b 是一个大于 1 的正整数,由于不大于 b 而和 b 互素的正整数有 $\varphi(b)$ 个,故以 b 为分母的既约真分数共计有 $\varphi(b)$ 个.

有些既约真分数能够化成为有限小数,例如

$$\frac{1}{4} = 0.25, \frac{1}{3\,125} = 0.000\,32, \frac{1}{1\,024} = 0.000\,976\,562\,5$$

$$\frac{97}{15\,625} = 0.006\,208, \frac{3\,947}{4\,096} = 0.963\,623\,046\,875$$

可是有些既约真分数不能够化成为有限小数,例如

$$\frac{4}{9} = 0.444\,44\cdots, \frac{8}{15} = 0.533\,333\cdots, \frac{1}{3} = 0.333\,33\cdots$$

引理 1 设 a, b 都是正整数,$a < b$ 而 $(a,b) = 1$. 如果存在一个素数 p,它使得 $p \mid b$ 但是 $p \nmid 10$,则 $\frac{a}{b}$ 一定不能够化成为有限小数. 如果 $b = 2^\alpha 5^\beta$,其中 α, β 都是非负整数,则 $\frac{a}{b}$ 能够化成为有限小数.

证 如果存在一个素数 p,它使得 $p \mid b$ 但是 $p \nmid 10$,且 $\frac{a}{b}$ 能够化成为有限小数,由于 $a < b$ 而得到

$$\frac{a}{b} = 0.a_1 a_2 \cdots a_n$$

其中 $a_1, a_2, \cdots, a_n$ 都是不大于 9 的非负整数,但是 $a_n > 0$. 我们又有

$$10^n a = (10^{n-1} a_1 + \cdots + a_n) b \tag{1}$$

由于 $(a,b) = 1, 10^{n-1} a_1 + \cdots + a_n$ 是一个正整数和式(1)而得到 $b \mid 10^n$. 由于假设 $p \mid b$,所以有 $p \mid 10$,这和假设 $p \nmid 10$ 发生矛盾,所以 $\frac{a}{b}$ 不能够化成为有限小数.

设 $b = 2^\alpha 5^\beta$,其中 $\alpha \geq \beta \geq 0$,则有 $\frac{10^\alpha a}{b} = 5^{\alpha-\beta} a$. 由于 $\alpha \geq \beta \geq 0$,所以 $5^{\alpha-\beta} a$

是一个正整数,我们把 $5^{\alpha-\beta}a$ 记作 d,则有 $\dfrac{a}{b} = \dfrac{d}{10^{\alpha}}$,由于 d 是一个正整数,因而 $\dfrac{d}{10^{\alpha}}$ 是一个有限小数,所以 $\dfrac{a}{b}$ 能够化成为有限小数. 设 $b = 2^{\alpha}5^{\beta}$,其中 $\beta > \alpha \geq 0$,则有 $\dfrac{10^{\beta}a}{b} = 2^{\beta-\alpha}a$. 由于 $\beta > \alpha \geq 0$,所以 $2^{\beta-\alpha}a$ 是一个正整数. 我们把 $2^{\beta-\alpha}a$ 记作 d_1,则有 $\dfrac{a}{b} = \dfrac{d_1}{10^{\beta}}$. 由于 d_1 是一个正整数,因而 $\dfrac{d_1}{10^{\beta}}$ 是一个有限小数,所以 $\dfrac{a}{b}$ 能够化成为有限小数.

定义 1 设 a_i(其中 $i = 1,2,3,\cdots$)是一个不大于 9 的非负整数. 如果在 $0.a_1a_2a_3\cdots a_n\cdots$ 中任取出一个 a_j,那么一定存在一个大于 j 的正整数 k,使得 $a_k \neq 0$. 那么我们把 $0.a_1a_2a_3\cdots a_n\cdots$ 叫作一个无限小数.

例如 $\dfrac{7}{22} = 0.318\ 181\ 818\cdots,\dfrac{5}{7} = 0.714\ 285\ 714\ 2\cdots$.

定义 2 如果对于一个无限小数 $0.a_1a_2a_3\cdots a_n\cdots$,能找出两个整数 $s \geq 0$,$t \geq 0$ 使得

$$a_{s+i} = a_{s+kt+i}, i = 1,2,\cdots,t, k = 0,1,2,\cdots$$

成立,那么我们就称 $0.a_1a_2a_3\cdots a_n\cdots$ 为循环小数,并把 $0.a_1a_2a_3\cdots a_n\cdots$ 简单地记作 $0.a_1a_2\cdots a_s\dot{a}_{s+1}\cdots\dot{a}_{s+t}$.

对于循环小数而言,具有上述性质的 s 及 t 是不只一个的,如果找到的 t 是最小的,那么我们就称 $a_{s+1},a_{s+2},\cdots,a_{s+t}$ 为循环节;t 称为循环节的长度;如果最小的 $s = 0$,那循环小数就叫作纯循环小数. 如果 $s \geq 1$(这里是最小的 s),这时那循环小数就叫作混循环小数.

例 1 求证 $\dfrac{4}{9} = 0.\dot{4},\dfrac{8}{15} = 0.5\dot{3},\dfrac{3}{14} = 0.2\dot{1}4285\dot{7}$.

证 由于 $\dfrac{4}{9} = 0.444\ 44\cdots$,所以有 $\dfrac{4}{9} = 0.\dot{4}$. 由于 $\dfrac{80}{15} = \dfrac{16}{3} = 5 + \dfrac{1}{3} = 5.333\ 33\cdots$,所以有 $\dfrac{8}{15} = 0.533\ 333\cdots$,即 $\dfrac{8}{15} = 0.5\dot{3}$. 由于 $\dfrac{30}{14} = \dfrac{15}{7} = 2 + \dfrac{1}{7} = 2.142\ 857\ 142\ 857\ 1\cdots$,所以有 $\dfrac{3}{14} = 0.214\ 285\ 714\ 285\ 71\cdots$,即 $\dfrac{3}{14} = 0.2\dot{1}4285\dot{7}$.

引理 2 设 $0 < a < b$,且 $(a,b) = 1$. 如果 $\dfrac{a}{b}$ 能表成纯循环小数,则我们有 $(b,10) = 1$.

证 设 $\dfrac{a}{b}$ 能表成纯循环小数,则由 $0 < \dfrac{a}{b} < 1$ 及定义 2,我们有

$$\dfrac{a}{b} = 0.a_1\cdots a_t a_1\cdots a_t a_1\cdots a_t\cdots \tag{2}$$

其中 $a_1,\cdots,a_t$ 都是不大于9的非负整数,但是在 $a_1,\cdots,a_t$ 中至少有一个 $a_i \geq 1$,因而

$$\frac{10^t a}{b} = 10^{t-1}a_1 + \cdots + a_t + 0.\dot{a}_1\cdots a_t a_1\cdots a_t a_1\cdots a_t\cdots \tag{3}$$

由式(3)减式(2)得到

$$\frac{10^t a}{b} - \frac{a}{b} = 10^{t-1}a_1 + \cdots + a_t$$

故得到

$$a(10^t - 1) = b(10^{t-1}a_1 + \cdots + a_s) \tag{4}$$

由 $10^{t-1}a_1 + \cdots + a_t$ 是一个正整数,$(a,b) = 1$ 和式(4),得到

$$10^t - 1 = bm \tag{5}$$

其中 m 是一个整数,由 $(b,1) = 1$ 和式(5)我们有 $(b,10^t) = 1$,因而 $(b,10) = 1$.

引理 3 设 $0 < a < b$ 且 $(a,b) = 1$. 令 h 是一个最小的正整数,能使

$$10^h \equiv 1 \pmod{b}$$

成立,则 $\dfrac{a}{b}$ 能表成纯循环小数 $0.\dot{a}_1\cdots \dot{a}_h$.

证 由 $10^h \equiv 1 \pmod{b}$ 得到 $10^h a \equiv a \pmod{b}$,由 $10^h a - a = bm$,其中 m 是一个整数,得到 $\dfrac{10^h a}{b} - \dfrac{a}{b} = m$. 设 $\dfrac{a}{b} = 0.a_1 a_2\cdots a_h a_{h+1} a_{h+2}\cdots$,则有 $\dfrac{10^h a}{b} = 10^{h-1}a_1 + \cdots a_h + 0.a_{h+1}a_{h+2}a_{h+3}\cdots$,故得到

$$m = 10^{h-1}a_1 + \cdots + a_h$$
$$0.a_{h+1}a_{h+2}a_{h+3}\cdots = 0.a_1 a_2\cdots a_h a_{h+1} a_{h+2}\cdots \tag{6}$$

由式(6)我们有

$$a_{h+1} = a_1$$
$$a_{h+1} = a_2$$
$$\vdots$$
$$a_{2h} = a_h$$
$$a_{2h+1} = a_{h+1} = a_1$$
$$a_{2h+2} = a_{h+2} = a_2$$
$$\vdots$$

引理 4 设 b 是一个正整数且 $(10,b) = 1$,令 h 是一个最小的正整数,能使

$$10^h \equiv 1 \pmod{b} \tag{7}$$

成立,则有 $h \mid \varphi(b)$.

证 设 $(10,b) = 1$ 和第5章定理1,我们有

$$10^{\varphi(b)} \equiv 1 \pmod{b} \tag{8}$$

由 h 的定义和式(8),我们有 $0 < h \leq \varphi(b)$. 设 $\varphi(b) = hm + r$,其中 r 是一个小

19

于 h 的非负整数而 m 是一个正整数. 由式(7)和第 5 章引理 3, 我们有
$$10^{hm} \equiv 1 (\bmod\ b) \qquad (9)$$
由于 $\varphi(b) = hm + r$, 并由式(8)和(9)我们有 $10^r \equiv 1(\bmod\ b)$, 如果 $r = 0$, 则有 $h \mid \varphi(b)$. 如果 $0 < r < h$, 则由 $10^r \equiv 1(\bmod\ b)$, 式(7)而和 h 的定义发生矛盾, 故本引理得证.

例 2 设 a 是一个不大于 6 的正整数,请将 $\dfrac{a}{7}$ 表成为纯循环小数.

解 由于 $(a, 7) = 1, \varphi(7) = 6$
$$10 \equiv 3(\bmod\ 7)$$
$$10^2 \equiv 2(\bmod\ 7)$$
$$10^3 \equiv 6(\bmod\ 7)$$
$$10^6 \equiv 1(\bmod\ 7)$$

及引理 4 我们有 $h = 6$. 又由定理 3 我们有 $\dfrac{a}{7} = 0.\dot{a}_1 a_2 a_3 a_4 a_5 \dot{a}_6$, 故得到

$$\dfrac{1}{7} = 0.\dot{1}4285\dot{7}, \quad \dfrac{2}{7} = 0.\dot{2}8571\dot{4}$$

$$\dfrac{3}{7} = 0.\dot{4}2857\dot{1}, \quad \dfrac{4}{7} = 0.\dot{5}7142\dot{8}$$

$$\dfrac{5}{7} = 0.\dot{7}1428\dot{5}, \quad \dfrac{6}{7} = 0.\dot{8}5714\dot{2}$$

例 3 设 a 是一个不大于 12 的正整数,请将 $\dfrac{a}{13}$ 表成为纯循环小数.

解 $(a, 13) = 1, \varphi(13) = 12$, 由于
$$10 \equiv 10(\bmod\ 13), 10^2 \equiv 9(\bmod\ 13)$$
$$10^3 \equiv 12(\bmod\ 13), 10^4 \equiv 3(\bmod\ 13)$$
$$10^6 \equiv 1(\bmod\ 13)$$

及引理 4 我们有 $h = 6$. 又由引理 3 我们有 $\dfrac{a}{13} = 0.\dot{a}_1 a_2 a_3 a_4 a_5 \dot{a}_6$, 故得到

$$\dfrac{1}{13} = 0.\dot{0}7692\dot{3}, \quad \dfrac{2}{13} = 0.\dot{1}5384\dot{6}$$

$$\dfrac{3}{13} = 0.\dot{2}3076\dot{9}, \quad \dfrac{4}{13} = 0.\dot{3}0769\dot{2}$$

$$\dfrac{5}{13} = 0.\dot{3}8461\dot{5}, \quad \dfrac{6}{13} = 0.\dot{4}6153\dot{8}$$

$$\dfrac{7}{13} = 0.\dot{5}3846\dot{1}, \quad \dfrac{8}{13} = 0.\dot{6}1538\dot{4}$$

$$\dfrac{9}{13} = 0.\dot{6}9230\dot{7}, \quad \dfrac{10}{13} = 0.\dot{7}6923\dot{0}$$

$$\frac{11}{13} = 0.\dot{8}4615\dot{3}, \quad \frac{12}{13} = 0.\dot{9}2307\dot{6}$$

例4 设 a 是任一个不大于 3 988 的正整数,求证 $\dfrac{a}{3\ 989}$ 是一个纯循环小数,它的循环节不小于 997 位(即 $\dfrac{a}{3\ 989} = 0.\dot{a}_1 a_2 a_3 \cdots \dot{a}_n$,则有 $n \geqslant 997$).

证 由于 3 989 是一个素数及 a 是一个不大于 3 988 的正整数,所以有 $(a, 3\ 989) = 1$,令 n 是一个最小的正整数,能使

$$10^n \equiv 1 (\bmod 3\ 989) \tag{10}$$

成立,由于 $\varphi(3\ 989) = 3\ 988$ 和引理 4,我们有 $n \mid 3\ 988$. 由于

$$10 \equiv 10 (\bmod 3\ 989), 10^2 \equiv 100 (\bmod 3\ 989),$$
$$10^4 \equiv 2\ 022 (\bmod 3\ 989)$$

所以有 $4 \neq n$. 由于 997 是一个素数,$3\ 988 = 4 \times 997, 4 \neq n$,且 $n \mid 3\ 988$,所以有 $n \geqslant 997$. 由第 5 章定理 2 我们有 $a^{3\ 988} \equiv 1 (\bmod 3\ 989)$. 引由引理 3 我们有 $\dfrac{a}{3\ 989} = 0.\dot{a}_1 a_2 a_3 \cdots \dot{a}_n$,其中 $n \geqslant 997$,故例 4 得证.

我们又有 $\dfrac{1}{3\ 989} = 0.000\ 250\ 689\ 395\ 838\ 556\ 530\ 45\cdots$

现在我们还有这样一个问题:如果在分母 b 内不光有素因数 2,或 5,或 2 及 5,而且还有其他的素因数,那么既约分数 $\dfrac{a}{b}$ 化成小数后,情况又怎样呢?这个问题的答案将由下列引理作出.

引理 5 设 a, b, b_1 都是正整数,$a < b, (a, b) = 1, b_1 > 1, (b_1, 10) = 1. b = 2^\alpha 5^\beta b_1$,其中 α, β 都是非负整数但不同时为 0. 令 h 是一个最小的正整数且能使

$$10^h \equiv 1 (\bmod b_1)$$

则当 $\alpha \geqslant \beta$ 时我们有

$$\frac{a}{b} = 0.a_1 \cdots a_\alpha \dot{a}_{\alpha+1} \cdots \dot{a}_{\alpha+h}$$

而当 $\alpha < \beta$ 时我们有

$$\frac{a}{b} = 0.a_1 \cdots a_\beta \dot{a}_{\beta+1} \cdots \dot{a}_{\beta+h}$$

证 设 $\alpha \geqslant \beta$. 我们用 10^α 乘 $\dfrac{a}{b}$ 得到

$$\frac{10^\alpha a}{b} = \frac{10^\alpha a}{2^\alpha 5^\beta b_1} = \frac{5^{\alpha-\beta} a}{b_1} \tag{11}$$

因为 $(a, b) = 1$,得到 $(a, b_1) = 1$. 因为 $(10, b_1) = 1$,得到 $(5^{\alpha-\beta}, b_1) = 1$. 由

$(a,b_1) = 1, (5^{\alpha-\beta}, b_1) = 1$,所以有
$$(5^{\alpha-\beta}a, b_1) = 1 \qquad (12)$$

设 $5^{\alpha-\beta}a < b_t$,则由式(12),$10^h \equiv 1 \pmod{b_1}$ 和引理 3 我们有
$$\frac{5^{\alpha-\beta}}{b_1} = 0.\dot{c}_1 \cdots \dot{c}_h$$

故由式(11)我们有
$$\frac{a}{b} = 0.a_1 \cdots a_\alpha \dot{a}_{\alpha+1} \cdots \dot{a}_{\alpha+h}$$

其中 $a_t = \cdots = a_\alpha = 0$,而 $a_{\alpha+1} = c_1, \cdots, a_{\alpha+h} = c_h$.

现在设 $5^{\alpha-\beta}a > b_1$. 由式(12)我们有
$$5^{\alpha-\beta}a = b_1 q + a_1 \qquad (13)$$

其中 q 是一个正整数而 a_1 是一个不大于 $b_1 - 1$ 的正整数. 设 $(a_1, b_1) = d > 1$,则由式(13)有 $d \mid 5^{\alpha-\beta}a$. 由于 $d \mid b_1, d \nmid 5^{\alpha-\beta}a, d > 1$, 这和式(12)发生矛盾,故 $(a_1, b_1) = 1$. 由于 h 是一个最小的正整数且能使 $10^h \equiv 1 \pmod{b_1}$,由 $0 < a_1 < b_1, (a_1, b_1) = 1$ 和引理 3 我们有
$$\frac{a_1}{b_1} = 0.\dot{c}_1 \cdots \dot{c}_h \qquad (14)$$

由式(11)和(13)我们有
$$\frac{10^\alpha a}{b} = q + \frac{a_1}{b_1} \qquad (15)$$

由于 $1 \le a < b, 1 \le a_1 < b_1$ 和式(15)我们有 $1 \le q \le 10^\alpha$. 故由式(14)和(15)我们有
$$\frac{a}{b} = \frac{q + \frac{a_1}{b_1}}{10^\alpha} = 0.a_1 \cdots a_\alpha \dot{a}_{\alpha+1} \cdots \dot{a}_{\alpha+h}$$

其中 $a_{\alpha+1} = c_1, \cdots, a_{\alpha+h} = c_h$. 故当 $\alpha \ge \beta$ 时本引理成立.

现在设 $\alpha < \beta$. 我们用 10^β 乘 $\frac{a}{b}$ 得到
$$\frac{10^\beta a}{b} = \frac{10^\beta a}{5^\beta 2^\alpha b_1} = \frac{2^{\beta-\alpha}a}{b_1} \qquad (16)$$

因为 $(a,b) = 1$,得到 $(a, b_1) = 1$. 因为 $(10, b_1) = 1$ 得到 $(2^{\beta-\alpha}, b_1) = 1$. 由 $(a, b_1) = 1, (2^{\beta-\alpha}, b_1) = 1$ 得到
$$(2^{\beta-\alpha}a, b_1) = 1 \qquad (17)$$

设 $2^{\beta-\alpha}a < b_1$,则由于 h 是一个最小的正整数且能使 $10^h \equiv 1 \pmod{b_1}$ 成立,并由于式(17)和引理 3,我们有

$$\frac{2^{\beta-\alpha}a}{b_1} = 0.\dot{g_1}\cdots\dot{g_h} \qquad (18)$$

故由式(16)和(18)我们有

$$\frac{a}{b} = 0.a_1\cdots a_\beta \dot{a}_{\beta+1}\cdots \dot{a}_{\beta+h}$$

其中

$$a_1 = \cdots = a_\beta = 0$$

而

$$a_{\beta+1} = g_1,\cdots,a_{\beta+h} = g_h$$

现在设 $2^{\beta-\alpha}a > b_1$,而由式(17)我们有

$$2^{\beta-\alpha}a = b_1 m + a_1 \qquad (19)$$

其中 m 是一个正整数而 a_1 是一个不大于 $b_1 - 1$ 的正整数. 设 $(a_1,b_1) = d > 1$,则由式(19)有 $d \mid 2^{\beta-\alpha}a$. 由于 $d \mid b_1, d \mid 2^{\beta-\alpha}a, d > 1$,这和式(17)发生矛盾,故有 $(a_1,b_1) = 1$. 由于 h 是一个最小的正整数且能使 $10^h \equiv 1 \pmod{b_1}$ 成立,由 $0 < a_1 < b_1, (a_1,b_1) = 1$ 和引理 3 我们有

$$\frac{a_1}{b_1} = 0.\dot{g_1}\cdots\dot{g_h} \qquad (20)$$

由式(16)和(19)我们有

$$\frac{10^\beta a}{b} = m + \frac{a_1}{b_1} \qquad (21)$$

由于 $1 \le a < b, 1 \le a_1 < b_4$ 和式(21),我们有 $1 \le m < 10^\beta$,故由式(20)和(21)我们有

$$\frac{a}{b} = \frac{m + \dfrac{a_t}{b_1}}{10^\beta} = 0.a_t\cdots a_\beta \dot{a}_{\beta+1}\cdots \dot{a}_{\beta+h}$$

其中 $a_{\beta+1} = g_1,\cdots,a_{\beta+h} = g_h$. 故当 $\alpha < \beta$ 时本引理也成立,引理得证.

例 5 请把 $\dfrac{15}{308}$ 化成小数.

解 由于 $308 = 4 \times 77 = 2^2 \cdot 77, \varphi(77) = (11-1) \times (7-1) = 60$. 又有

$$10 \equiv 10 \pmod{77}, 10^2 \equiv 23 \pmod{77}$$
$$10^3 \equiv 76 \pmod{77}, 10^4 \equiv 67 \pmod{77}$$
$$10^5 \equiv 54 \pmod{77}, 10^6 \equiv 1 \pmod{77}$$

所以可在引理 5 中取 $a = 15, b = 308, \alpha = 2, \beta = 0, h = 6, b_1 = 77$. 由引理 5 我们

有 $\dfrac{15}{308} = 0.a_1 a_2 \dot{a}_3 a_4 \cdots \dot{a}_8$，经过计算我们有

$$\dfrac{15}{308} = 0.04\dot{8}7012\dot{9}$$

例 6 请把 $\dfrac{1}{17\,408}$ 化成小数.

解 由于 $17\,408 = 1\,024 \times 17 = 2^{10} \cdot 17, \varphi(17) = 16$，又有

$$10 \equiv 10(\bmod\ 17), 10^2 \equiv 15(\bmod\ 17)$$
$$10^4 \equiv 4(\bmod\ 17), 10^8 \equiv 16(\bmod\ 17)$$
$$10^{16} \equiv 1(\bmod\ 17)$$

所以可在引理 5 中取 $a = 1, b = 17\,408, \alpha = 10, \beta = 0, h = 16, b_1 = 17$. 由引理 5 我们有 $\dfrac{1}{17\,408} = 0.a_1 a_2 \cdots a_{10} \dot{a}_{11} a_{12} \cdots \dot{a}_{26}$，经过计算我们有

$$\dfrac{1}{17\,408} = 0.000\,057\,44\dot{4}\,852\,941\,176\,470\,588\,2\dot{3}$$

6.2 小数化分数

有限小数都能够化成为分数，设

$$0.a_1 a_2 \cdots a_n$$

是一个有限小数，其中 $a_i(i = 1, 2, \cdots, n)$ 都是不大于 9 的非负整数，但是 $a_n \geq 1$，我们有

$$0.a_1 a_2 \cdots a_n = \dfrac{10^{n-1}a_1 + 10^{n-2}a_2 + \cdots + a_n}{10^n} \tag{22}$$

设 $(10^{n-1}a_1 + 10^{n-2}a_2 + \cdots + a_n, 10^n) = d$，则我们有

$$10^{n-1}a_1 + 10^{n-2}a_2 + \cdots + a_n = da, 10^n = db$$

其中 a, b 都是正整数且 $(a, b) = 1, a < b$，由式(22)我们有

$$0.a_1 a_2 \cdots a_n = \dfrac{a}{b}$$

其中 $\dfrac{a}{b}$ 是一个既约真分数.

纯循环小数都能够化成为分数，设

$$0.\dot{a}_1 \cdots \dot{a}_t$$

是一个循环节等于 t 的纯循环小数，其中 $a_i(i = 1, 2, \cdots, t)$ 都是不大于 9 的非负整数，但是在 $a_1, \cdots, a_t$ 中至少有一个是正整数. 令 $A = 0.\dot{a}_1 \cdots \dot{a}_t$，由于 $A =$

$0.a_1\cdots a_t a_1\cdots a_t a_1\cdots a_t\cdots$,所以我们有
$$10^t A = 10^{t-1}a_1 + 10^{t-2}a_2 + \cdots + a_t + 0.a_1\cdots a_t a_1\cdots a_t\cdots = a + A \quad (23)$$
其中 $a = 10^{t-1}a_1 + 10^{t-2}a_2 + \cdots + a_t$ 是一个正整数. 令 $b = 10^t - 1$,则由于 $t \geq 1$,所以 b 是一个正整数,由式(23) 我们有
$$A = \frac{a}{10^t - 1}$$
即 $0.\dot{a}_1\cdots \dot{a}_t = \frac{a}{b}$.

混循环小数也都能够化成为分数,设
$$0.a_1\cdots a_s \dot{a}_{s+1}\cdots \dot{a}_{s+t}$$
是一个混循环小数,我们有
$$0.a_1\cdots a_s \dot{a}_{s+1}\cdots \dot{a}_{s+t} = 0.a_1\cdots a_s + \frac{0.\dot{a}_{s+1}\cdots \dot{a}_{s+t}}{10^s} \quad (24)$$
由于 $0.a_1\cdots a_s$ 是一个有限小数,所以有
$$0.a_1\cdots a_s = \frac{a}{b} \quad (25)$$
其中 a,b 都是正整数,$(a,b)=1$, $a<b$. 由于 $0.\dot{a}_{s+1}\cdots \dot{a}_{t+1}$ 是一个纯循环小数,所以有
$$0.\dot{a}_{s+1}\cdots \dot{a}_{s+t} = \frac{c}{d} \quad (26)$$
其中 c,d 都是正整数,由式(24) 到(26) 我们有
$$0.a_1\cdots a_s \dot{a}_{s+1}\cdots \dot{a}_{s+t} = \frac{a}{b} + \frac{c}{10^s d} = \frac{10^s ad + bc}{10^s bd}$$

引理 6 设 $0.a_1 a_2 a_3 \cdots a_n\cdots$ 不能够化成为有限小数,也不能够化成为循环小数,则 $0.a_1 a_2 a_3 \cdots a_n\cdots$ 不能够化成为分数.

证 如果存在两个正整数 a,b,使得
$$0.a_1 a_2 a_3 \cdots a_n\cdots = \frac{a}{b} \quad (27)$$
成立,则有 $0 < a < b$. 设 $(a,b) = d$,则有 $a = da_1, b = db_1$. 其中 $(a_1, b_1) = 1$, $0 < a_1 < b_1$,由式(27) 我们有
$$0.a_1 a_2 a_3 \cdots a_n\cdots = \frac{a}{b} = \frac{a_1 d}{b_1 d} = \frac{a_1}{b_1} \quad (28)$$
设 $(b_1, 10) = 1$,则由 $0 < a_1 < b_1$, $(a_1, b_1) = 1$,式(28),引理 3 和引理 4 知道 $0.a_1 a_2 \cdots a_n\cdots$ 能化成为循环小数,这和假设 $0.a_1 a_2 a_3 \cdots a_n\cdots$ 不能够化成为循环小数发生矛盾.

设 $b_1 = 2^\alpha 5^\beta$,其中 α,β 都是非负整数,则由 $0 < a_1 < b_1$,$(a_1,b_1) = 1$,式(28) 和引理 1 知道 $0.a_1 a_2 a_3 \cdots a_n \cdots$ 能够化成为有限小数,这和假设 $0.a_1 a_2 a_3 \cdots a_n \cdots$ 不能够化成为有限小数发生矛盾.

设 $b_1 = 2^\alpha 5^\beta b_2$,其中 α,β 都是非负整数,但不同时都是 0,又 $b_2 > 1$,$(b_2,10) = 1$. 由 $0 < a_1 < b_1$,$(a_1,b_1) = 1$,式(28) 和引理 5 我们知道 $0.a_1 a_2 \cdots a_n \cdots$ 能够化成为循环小数,这和假设 $0.a_1 a_2 \cdots a_n \cdots$ 不能够化成为循环小数发生矛盾,故本引理得证.

6.3 正数的开 n 次方

在本节中我们假定 n 是一个不小于 2 的整数,而 a 是一个正数,令 x 是满足方程式

$$x^n = a$$

的一个正整数,那么我们称 x 是 a 的 n 次方根,并把 x 写成为 $\sqrt[n]{a}$(当 $n = 2$ 时,令 $\sqrt[2]{a} = \sqrt{a}$).

有些正整数 a 使得 $\sqrt[n]{a}$ 等于一个正整数. 例如 $\sqrt{361} = 19$,$\sqrt[3]{343} = 7$,$\sqrt[5]{243} = 3$,$\sqrt[8]{6561} = 3$. 有些正整数 a 使得 $\sqrt[n]{a} = b + c$,其中 b 是一个正整数而 $0 < c < 1$,例如

$$\sqrt{19} = 4.3588989\cdots, \quad \sqrt[4]{18941} = 11.7314238\cdots$$

引理 7 设 p 是一个素数,m 是一个正整数且 $m = n\alpha + \beta$,其中 α 是一个非负整数而 β 是一个不大于 $n-1$ 的非负整数. 令 $a = p^m$,当 $\beta = 0$ 时,$\sqrt[n]{a}$ 是一个整数. 当 $1 \leqslant \beta \leqslant n - 1$ 时,$\sqrt[n]{a}$ 不能够表示成为分数.

证 (1) 当 $\beta = 0$ 时,这时有 $m = n\alpha$ 和 $a = p^{n\alpha}$,故得到 $\sqrt[n]{a} = p^\alpha$ 是一个整数.

(2) 当 $\alpha = 0$ 而 $1 \leqslant \beta \leqslant n - 1$ 时,这时有 $m = \beta$ 和 $a = p^\beta$,如果存在两个正整数 b,c 使得 $\sqrt[n]{a} = \dfrac{b}{c}$ 成立,设 $(b,c) = d$,则有 $b = b_1 d$,$c = c_1 d$ 而 $(b_1, c_1) = 1$. 由 $\sqrt[n]{a} = \dfrac{b}{c}$,我们有 $\sqrt[n]{p^\beta} = \sqrt[n]{a} = \dfrac{b}{c} = \dfrac{b_1}{c_1}$,$p^\beta = \left(\dfrac{b_1}{c_1}\right)^n$,因而我们有

$$b_1^n = p^\beta c_1^n \tag{29}$$

由 $(b_1, c_1) = 1$ 和式(29) 我们有 $p \mid b_1$. 设 $b_1 = p^l b_2$,其中 l 是一个正整数,$(b_2, p) = 1$. 由式(29) 我们有

$$c_1^n = p^{nl-\beta} b_2^n \tag{30}$$

由于 $1 \leqslant \beta \leqslant n-1$,$l \geqslant 1$ 和式(30),所以有 $p \mid c_1$. 由于 $p \mid b_1$,$p \mid c_1$,这和

$(b_1,c_1)=1$ 发生矛盾,故不存在两个正整数 b,c 使得 $\sqrt[n]{a}=\dfrac{b}{c}$ 成立.

(3) 当 α 是一个正整数而 $1 \leq \beta \leq n-1$ 时,这时如果存在两个正整数 b, c 使得 $\sqrt[n]{a}=\dfrac{b}{c}$,则由 $\dfrac{b}{c}=\sqrt[n]{a}=\sqrt[n]{p^{n\alpha+\beta}}=p^{\alpha}\sqrt[n]{p^{\beta}}$ 得到, $\sqrt[n]{p^{\beta}}=\dfrac{b}{cp^{\alpha}}$ 是能够表示成为分数的,这和(2)中所证明 $\sqrt[n]{p^{\beta}}$ 不能表示成为分数发生矛盾,故本引理得证.

引理 8 设 p 是一个素数, m 是一个正整数, $m=n\alpha+\beta$,其中 α 是一个非负整数而 β 是一个不大于 $n-1$ 的非负整数.令 $a=p^m$,当 $\beta=0$ 时,则 $\sqrt[n]{a}$ 是一个正整数.当 $1 \leq \beta \leq n-1$ 时,则有 $\sqrt[n]{a}=b+c$,其中 b 是一个正整数而 c 是一个无限小数但不是循环小数.

证 设 $1 \leq \beta \leq n-1$,而 c 是一个有限小数,则 c 能够化成为分数,即 $c=\dfrac{a_1}{b_1}$,其中 a_1,b_1 都是正整数.当 $1 \leq \beta \leq n-1$ 时,则有 $\sqrt[n]{a}=b+c=\dfrac{b_1 b+a_1}{b_1}$. 即这时 $\sqrt[n]{a}$ 能够表示成为分数,这和引理 7 发生矛盾,故 c 不能是一个有限小数而是一个无限小数.设 c 是一个循环小数,则 c 能够化成为分数.因而当 $1 \leq \beta \leq n-1$ 时, $\sqrt[n]{a}$ 也能够表示成为分数,这和引理 7 发生矛盾,故 c 不是循环小数,本引理得证.

引理 9 设 a 是一个正整数,当 $\sqrt[n]{a}=b+c$ 中 b 是一个正整数而 $0<c<1$ 时,则 $\sqrt[n]{a}$ 不能够表示成为分数,并且这时 c 是一个无限小数但不是循环小数.

证明见习题.

设 a 和 t 都是正整数而 $b=0.a_1\cdots a_t$. 其中 $a_i(i=1,2,\cdots,t)$ 都是不大于 9 的非负整数,但是在 $a_1,\cdots,a_t$ 中至少存在一个正整数.令 c 是一个正整数,它使得 $(c-1)n<t \leq cn$ 成立,则我们有

$$\sqrt[n]{a+b}=\dfrac{\sqrt[n]{10^{nc}a+10^{nc-1}a_1+\cdots+10^{nc-t}a_t}}{10^c}=\dfrac{A+B}{10^c} \tag{31}$$

其中 A 是一个正整数而 $0 \leq B<1$. 当 $0<B<1$ 时,则由引理 9 知道 B 是一个无限小数但不是循环小数.

例 7 求 $3.652\,264$ 的立方根.

解 由式(31)我们有

$$\sqrt[3]{3.652\,264}=\dfrac{\sqrt[3]{3\,652\,264}}{10^2} \tag{32}$$

由于 $3\,652\,264=2^3 \times 7^3 \times 11^3$,故由式(32)得到

$$\sqrt[3]{3.652\,264}=\dfrac{2 \times 7 \times 11}{100}=1.54$$

例 8 求 7.93 的平方根.

解 由式(31)我们有

$$\sqrt{7.93} = \frac{\sqrt{793}}{10} \qquad (33)$$

由于 $793 = 61 \times 13$,其中 61 和 13 都是素数,由表 1 我们有

表 1 150 以下的素数的平方根表

p	$\sqrt{p}$	p	$\sqrt{p}$
2	1.414 213 56…	67	8.185 352 77…
3	1.732 050 80…	71	8.426 149 77…
5	2.236 067 97…	73	8.544 003 74…
7	2.645 751 31…	79	8.888 194 41…
11	3.316 624 7…	83	9.110 433 57…
13	3.605 551 27…	89	9.433 981 13…
17	4.123 105 62…	97	9.848 857 80…
19	4.358 898 94…	101	10.049 875 6…
23	4.795 831 52…	103	10.148 891 5…
29	5.385 164 80…	107	10.344 080 4…
31	5.567 764 36…	109	10.440 306 5…
37	6.082 762 53…	113	10.630 145 8…
41	6.403 124 23…	127	11.269 427 6…
43	6.557 438 52…	131	11.445 523 1…
47	6.855 654 60…	137	11.704 699 9…
53	7.280 109 88…	139	11.789 826 1…
59	7.681 145 74…	149	12.206 555 6…
61	7.810 249 67…		

表2 60以下的素数的立方根和五次方根表

p	$\sqrt[3]{p}$	p	$\sqrt[5]{p}$
2	1.259 921 0…	2	1.148 698 3…
3	1.442 249 5…	3	1.245 730 9…
5	1.709 975 9…	5	1.379 729 66…
7	1.912 931 1…	7	1.475 773 1…
11	2.223 980 09…	11	1.615 394 2…
13	2.351 334 68…	13	1.670 277 6…
17	2.571 281 59…	17	1.762 340 3…
19	2.668 401 64…	19	1.801 983 1…
23	2.843 866 9…	23	1.872 171 2…
29	3.072 316 82…	29	1.961 009 0…
31	3.141 380 65…	31	1.987 340 7…
37	3.332 221 8…	37	2.058 924 1…
41	3.448 217 24…	41	2.101 632 47…
43	3.503 398 06…	43	2.121 747 4…
47	3.608 826 0…	47	2.159 830 0…
53	3.756 285 7…	53	2.212 356 8…
59	3.892 996 4…	59	2.260 322 4…

$$\sqrt{61} = 7.810\,249\,67\cdots,\ \sqrt{13} = 3.605\,551\,27\cdots \tag{34}$$

由式(33)和(34)我们有

$$\sqrt{7.93} = \frac{(7.810\,249\,67\cdots) \times (3.605\,551\,27\cdots)}{10} = 2.816\,025\,56\cdots$$

例9 求 2.571 353 的平方根.

解 由式(31)我们有

$$\sqrt{2.571\,353} = \frac{\sqrt{2\,571\,353}}{10^3} \tag{35}$$

由于 $2\,571\,353 = 137^3$,其中 137 是一个素数,由表1 我们有

$$\sqrt{137} = 11.704\,699\,9\cdots \tag{36}$$

由式(35)和(36)我们有

$$\sqrt{2.571\,353} = \frac{137 \times (11.704\,699\,9\cdots)}{10^3} = 1.603\,543\,88\cdots$$

例 10 求 194 400 的十次方根.

解 由于 $194\,400 = 2^5 \times 3^5 \times 5^2$,所以我们有
$$\sqrt[10]{194\,400} = \sqrt{2} \times \sqrt{3} \times \sqrt[5]{5} \qquad (37)$$

由表 1 我们有
$$\sqrt{2} = 1.414\,213\,56\cdots,\sqrt{3} = 1.732\,050\,80\cdots \qquad (38)$$

由表 2 我们有
$$\sqrt[5]{5} = 1.379\,729\,66\cdots \qquad (39)$$

由式(37)到(39)我们有
$$\sqrt[10]{194\,400} = (1.414\,213\,56\cdots) \times (1.732\,050\,8\cdots) \times$$
$$(1.379\,729\,66\cdots) = 3.379\,633\,6\cdots$$

例 11 求 297 756 989 的六次方根.

解 由式(31)我们有
$$\sqrt[6]{297.756\,989} = \frac{\sqrt[6]{297\,756\,989}}{10} \qquad (40)$$

由于 $297\,756\,989 = (17)^2 \times (101)^3$,所以有
$$\sqrt[6]{297\,756\,989} = \sqrt[3]{17} \times \sqrt{101}$$

由表 1 我们有 $\sqrt{101} = 10.049\,875\,6\cdots$,由表 2 我们有 $\sqrt[3]{17} = 2.571\,281\,59\cdots$,故得到
$$\sqrt[6]{297\,756\,989} = (10.049\,875\,6\cdots)(2.571\,281\,59\cdots) = 25.841\,060\cdots$$

故由式(40)得到
$$\sqrt[6]{297.756\,989} = 2.584\,106\,0\cdots$$

6.4 实数、有理数和无理数

定义 3 一个数 a 能够表示成为 $b + c$(即 $a = b + c$),其中 b 是一个整数而 c 是下面三种情形:

(1) 0

(2) 有限小数

(3) 无限小数

中的任意一种,那么我们把 a 叫作一个实数.

定义 4 一个数 a 能够表示成为 $\frac{b}{c}$(即 $a = \frac{b}{c}$),其中 b 是一个整数而 c 是一个正整数,那么我们把 a 叫作一个有理数.

正整数,负整数,0,真分数,假分数,带分数,纯循环小数,混循环小数都是有理数.

定义 5 一个数 a 是一个实数但不是一个有理数,那么我们把数 a 叫作一个无理数.

例如当 a,n 都是大于 1 的正整数,b 是一个正整数而 $0<c<1$,如果有 $\sqrt[n]{a}=b+c$,那么 $\sqrt[n]{a}$ 就是一个无理数.

定义 6 把半径为 $\frac{1}{2}$ 的圆的圆周的长度记作 π.

我们可以使用较高深的数论方法来证明 π 是一个无理数,经过计算我们有
$$\pi = 3.141\,592\,654\cdots \tag{41}$$

我国古代数学家何承天(370~447)发明用 $\frac{22}{7}$ 表示 π 的近似值,祖冲之(429~500)发明用 $\frac{355}{113}$ 作为 π 的近似值,而西欧最早发现这一事实的时间比他还晚一千多年. 事实上,$\frac{355}{113}=3.141\,592\,9\cdots$ 与 π 的真值的前六位小数是符合的,由此可见祖氏在数学上的成就是非常突出的. 他是历史上第一流数学家,他的成就是我们祖国的光荣. 他的非常突出的成就主要是由于他自己的刻苦学习和劳动得来的. 他曾说过他学习算学是"…… 搜练古今,博采沈奥,唐篇夏典,莫不揆量,周正汉朔,咸加该验 ……". 通过祖冲之的成就和事迹,再一次证明了中国人民是勤劳、勇敢而又有高度智慧的.

定义 7 设 k 是一个正整数,我们用 $k!$ 来表示 $1\times 2\times\cdots\times k$,即
$$k! = 1\times 2\times\cdots\times k$$

例如 $1!=1,2!=1\times 2=2,3!=1\times 2\times 3=6,4!=1\times 2\times 3\times 4=24,5!=1\times 2\times 3\times 4\times 5=120,6!=1\times 2\times 3\times 4\times 5\times 6=720,7!=5\,040,8!=40\,320.$

设 $a_1,a_2,\cdots,a_n$ 都是实数,为了简单起见我们把 $a_1+a_2+\cdots+a_n$ 的和记做 $\sum_{k=1}^{n}a_k$,即
$$\sum_{k=1}^{n}a_k = a_1+a_2+\cdots+a_n$$

例 12 求 $\sum_{k=1}^{8}\frac{1}{k!}$ 等于多少.

解 $\sum_{k=1}^{8}\frac{1}{k!}=1+\frac{1}{2!}+\frac{1}{3!}+\frac{1}{4!}+\frac{1}{5!}+\frac{1}{6!}+\frac{1}{7!}+\frac{1}{8!}=$
$1+\frac{1}{2}+\frac{1}{6}+\frac{1}{24}+\frac{1}{120}+\frac{1}{720}+\frac{1}{5\,040}+\frac{1}{40\,320}=$

$$1.718\ 278\ 77\cdots$$

例 13 求 $\sum_{k=1}^{15} \dfrac{1}{k^2}$ 等于多少.

解 $\sum_{k=1}^{15} \dfrac{1}{k^2} = 1 + \dfrac{1}{2^2} + \dfrac{1}{3^2} + \dfrac{1}{4^2} + \dfrac{1}{5^2} + \dfrac{1}{6^2} + \dfrac{1}{7^2} + \dfrac{1}{8^2} + \dfrac{1}{9^2} + \dfrac{1}{10^2} + \dfrac{1}{11^2} +$

$\dfrac{1}{12^2} + \dfrac{1}{13^2} + \dfrac{1}{14^2} + \dfrac{1}{15^2} =$

$1 + \dfrac{1}{4} + \dfrac{1}{9} + \dfrac{1}{16} + \dfrac{1}{25} + \dfrac{1}{36} + \dfrac{1}{49} + \dfrac{1}{64} + \dfrac{1}{81} + \dfrac{1}{100} + \dfrac{1}{121} +$

$\dfrac{1}{144} + \dfrac{1}{169} + \dfrac{1}{196} + \dfrac{1}{225} =$

$1.580\ 440\ 28\cdots$

例 14 求 $\sum_{k=1}^{11} \dfrac{1}{k!}$ 等于多少.

解 $\sum_{k=1}^{11} \dfrac{1}{k!} = \sum_{k=1}^{8} \dfrac{1}{k!} + \dfrac{1}{9!} + \dfrac{1}{10!} + \dfrac{1}{11!} =$

$1.718\ 278\ 77\cdots + \dfrac{1}{362\ 880} + \dfrac{1}{3\ 628\ 800} + \dfrac{1}{39\ 916\ 800} =$

$1.718\ 281\ 82\cdots$

定义 8 我们把无限大记作 ∞.

使用较高深的数论方法我们可以证明 $\sum_{k=1}^{\infty} \dfrac{1}{k^2} = \dfrac{\pi^2}{6}$. 令 $0! = 1$ 及

$$e = \sum_{k=1}^{\infty} \dfrac{1}{k!} = 2.718\ 281\ 828\cdots$$

使用较高深的数论方法我们可以证明:e 是一个无理数. 令 a 是任一个大于 1 的整数而 $\xi = 1 + \dfrac{1}{2^{2!}} + \dfrac{1}{a^{3!}} + \dfrac{1}{a^{4!}} + \cdots = \sum_{n=1}^{\infty} \dfrac{1}{a^{n!}}$,我们可以使用较高深的数论方法来证明 ξ 是一个无理数.

设 a,b 都是有理数,则有 $a = \dfrac{c_1}{d_1}, b = \dfrac{c_2}{d_2}$,其中 c_1, c_2 都是整数而 d_1, d_2 都是正整数,因而我们有

$$ab = \dfrac{c_1 c_2}{d_1 d_2}$$

其中 $c_1 c_2$ 是整数, $d_1 d_2$ 是正整数,所以 ab 也是一个有理数,即两个有理数相乘是一个有理数. 设 A 是一个无理数而 a 是一有理数,其中 $a = \dfrac{b}{c}$,又 $b \neq 0$ 是一个整数,而 c 是一个正整数,则 $a \times A$ 是一个无理数. 因为假设 $a \times A = a_1$,而 a_1 是一

个有理数,由 $a = \dfrac{b}{c}$ 而 $b \neq 0$ 和 $a \times A = a_1$,所以有 $a_1 \neq 0$,设 $a_1 = \dfrac{b_1}{c_1}$,其中 b_1 是一个整数而 c_1 是一个正整数. 由 $a_1 \neq 0$ 故有 $b_1 \neq 0$. 由 $a \times A = a_1$,得到 $A = \dfrac{a_1}{a} = \dfrac{b_1 c}{b c_1}$,则 A 是一个有理数,这和假设 A 是一个无理数发生矛盾,所以不等于 0 的有理数乘无理数是一个无理数.

习　　题

1. 把下列分数化为小数:

(1) $\dfrac{371}{6\,250}$, (2) $\dfrac{190}{37}$, (3) $\dfrac{13}{28}$, (4) $\dfrac{a}{875}$, $a = 4, 29, 139, 361$.

2. 把下列小数化为分数:

(1) $0.\dot{8}6\dot{8}$, (2) $0.8\dot{3}65\dot{4}$, (3) $0.3768935\dot{4}$.

3. (引理 9) 设 a 是一个正整数, 当 $\sqrt[n]{a} = b + c$, 其中 b 是一个正整数而 $0 < c < 1$ 时, 则 $\sqrt[n]{a}$ 不能够表示成为分数, 这时 c 是一个无限小数但不是循环小数.

4. 证明: 整系数方程
$$x^n + a_1 x^{n-1} + \cdots + a_n = 0, n \geq 1$$
的实数根如果不是整数就一定是无理数.

5. 证明: $\log_{10} 2$ 是无理数.

6. 若正整数 M 和 N 不能表示成同底数的正整数幂时(底数也是正整数), $\log_M N$ 一定是无理数.

7. 试证: e 是无理数.

8. 证明:
$$J = 1 - \dfrac{1}{2^2} + \dfrac{1}{2^2 \cdot 4^2} - \dfrac{1}{2^2 \cdot 4^2 \cdot 6^2} + \cdots$$
是无理数.

9. 对于任意实数 α, 我们定义 $[\alpha]$ 为不大于 α 的最大整数. 试证: 对于正整数 a 和 b, 不大于 a 而为 b 的倍数的正整数共有 $\left[\dfrac{a}{b}\right]$ 个.

10. 在 $n!$ 的标准分解式中, 素数 p 的方次数为
$$S = \left[\dfrac{n}{p}\right] + \left[\dfrac{n}{p^2}\right] + \left[\dfrac{n}{p^3}\right] + \cdots = \sum_{r=1}^{\infty} \left[\dfrac{n}{p^r}\right]$$

11. 设若 $3^k \mid 1\,000!$ 而 $3^{k+1} \nmid 1\,000!$,求 k.

12. 设 $C_m^n = \dfrac{m!}{n!\,(m-n)!}$,$m,n$ 是正整数且 $m > n$,试证:

(1) $C_m^n = C_m^{m-n}$;

(2) C_m^n 是正整数;

(3) k 个连续正整数的乘积能被 $k!$ 整除;

(4) 设 p 是素数,$k < p$,则 $p \mid C_p^k$.

13. 试证:

(1) Wilson 定理:设 p 是素数,则有
$$(p-1)! \equiv -1 \pmod{p}$$

(2) 若 $(p-1)! \equiv -1 \pmod{p}$,则 p 是素数.

14. 当 n 和 $n+2$ 都是素数时,称 n 和 $n+2$ 为一对孪生素数. 试证:n 和 $n+2$ 是孪生素数的充分必要条件是
$$4[(n-1)! + 1] + n \equiv 0 [\bmod n(n+2)], n > 1$$

15. 设 $a^{m-1} \equiv 1 \pmod{m}$,而对于 $m-1$ 的任意约数 n,当 $0 < n < m-1$ 时, $a^n \not\equiv 1 \pmod{m}$,则 m 是素数.

16. 设 $n = p_1^{\alpha_1} p_2^{\alpha_2} \cdots p_n^{\alpha_n}$,$d(n)$ 表示 n 的所有约数的个数,$\sigma(n)$ 表示 n 的所有约数的和,试证:

(1) $d(n) = (\alpha_1 + 1)(\alpha_2 + 1) \cdots (\alpha_n + 1)$.

(2) $\sigma(n) = \left(\dfrac{p_1^{\alpha_1+1} - 1}{p_1 - 1}\right) \left(\dfrac{p_2^{\alpha_2+1} - 1}{p_2 - 1}\right) \cdots \left(\dfrac{p_n^{\alpha_n+1} - 1}{p_n - 1}\right)$

17. 设 n 是正整数,$n \geqslant 2$,试证:n 是素数的充分必要条件是
$$\varphi(n) \mid (n-1) \text{ 且 } (n+1) \mid \sigma(n)$$

连分数和数论函数

第 7 章

7.1 连分数的基本概念

设 b 是一个不小于 1 的正数,利用 $(\sqrt{b^2+1}+b)(\sqrt{b^2+1}-b) = (\sqrt{b^2+1})^2 - b^2 = 1$,得到

$$\sqrt{b^2+1} - b = \frac{1}{\sqrt{b^2+1}+b} \qquad (1)$$

连续利用式(1)我们有

$$\sqrt{b^2+1} = b + \sqrt{b^2+1} - b = b + \frac{1}{\sqrt{b^2+1}+b} =$$

$$b + \cfrac{1}{2b + \sqrt{b^2+1} - b} =$$

$$b + \cfrac{1}{2b + \cfrac{1}{\sqrt{b^2+1}+b}} =$$

$$b + \cfrac{1}{2b + \cfrac{1}{2b + \sqrt{b^2+1} - b}} =$$

$$b + \cfrac{1}{2b + \cfrac{1}{2b + \cfrac{1}{\sqrt{b^2+1}+b}}} =$$

$$b + \cfrac{1}{2b + \cfrac{1}{2b + \cfrac{1}{2b + \sqrt{b^2+1} - b}}} = \cdots =$$

$$b + \cfrac{1}{2b + \cfrac{1}{2b + \cfrac{\ddots}{\quad + \cfrac{1}{2b + \ddots}}}} \tag{2}$$

以后我们将证明下面的两式都能够成立：

$$b + \cfrac{1}{2b + \cfrac{1}{2b}} \leqslant \sqrt{b^2+1} \leqslant b + \cfrac{1}{2b + \cfrac{1}{2b + \cfrac{1}{2b}}} \tag{3}$$

$$b + \cfrac{1}{2b + \cfrac{1}{2b + \cfrac{1}{2b}}} \leqslant \sqrt{b^2+1} \tag{4}$$

由于 $2b + \dfrac{1}{2b} = \dfrac{4b^2+1}{2b}$，所以我们有

$$\cfrac{1}{2b + \cfrac{1}{2b}} = \dfrac{2b}{4b^2+1} \tag{5}$$

由式(5)得到 $2b + \cfrac{1}{2b + \cfrac{1}{2b}} = \dfrac{8b^3+4b}{4b^2+1}$，所以我们有

$$\cfrac{1}{2b + \cfrac{1}{2b + \cfrac{1}{2b}}} = \dfrac{4b^2+1}{8b^3+4b} \tag{6}$$

由式(6)得到

$$2b + \cfrac{1}{2b + \cfrac{1}{2b + \cfrac{1}{2b}}} = 2b + \dfrac{4b^2+1}{8b^3+4b} = $$

$$\dfrac{16b^4 + 12b^2 + 1}{8b^3 + 4b}$$

因而我们有

$$\cfrac{1}{2b+\cfrac{1}{2b+\cfrac{1}{2b+\cfrac{1}{2b}}}} = \frac{8b^3+3b}{16b^4+12b^2+1} \tag{7}$$

由式(5) 我们有

$$b+\cfrac{1}{2b+\cfrac{1}{2b+\cfrac{1}{2b}}} = \frac{4b^3+3b}{4b^2+1} \tag{8}$$

由式(6) 我们有

$$b+\cfrac{1}{2b+\cfrac{1}{2b+\cfrac{1}{2b}}} = \frac{8b^4+8b^2+1}{8b^3+4b} \tag{9}$$

由式(3),(8) 和(9) 我们有

$$\frac{4b^3+3b}{4b^2+1} \leqslant \sqrt{b^2+1} \leqslant \frac{8b^4+8b^2+1}{8b^3+4b} \tag{10}$$

由式(4) 和(7) 我们有

$$\frac{16b^5+20b^3+5b}{16b^4+12b^2+1} \leqslant \sqrt{b^2+1} \leqslant \frac{8b^4+8b^2+1}{8b^3+4b} \tag{11}$$

例 1 求证

$$\sqrt{101} = 10.049\,875\,621\cdots, \quad \sqrt{65} = 8.062\,257\,7\cdots$$

证 在式(11) 中取 $b=10$,则得到

$$10.049\,875\,621\,1 \leqslant \frac{1\,620\,050}{161\,201} \leqslant \sqrt{101} \leqslant \frac{80\,801}{8\,040} \leqslant 10.049\,875\,621\,9$$

故得到 $\sqrt{101} = 10.049\,875\,621\cdots$. 在式(11) 中取 $b=8$,则我们有

$$8.062\,257\,747 \leqslant \frac{534\,568}{66\,305} \leqslant \sqrt{65} \leqslant \frac{33\,281}{4\,128} \leqslant 8.062\,257\,753$$

故得到

$$\sqrt{65} = 8.062\,257\,7\cdots$$

设 b 是一个不小于 2 的正数,利用 $(\sqrt{b^2-1}-b+1) \times (\sqrt{b^2-1}+b-1) = b^2-1-(b-1)^2 = 2(b-1)$,得到

$$\sqrt{b^2-1}-b+1 = \frac{2(b-1)}{\sqrt{b^2-1}+b-1} \tag{12}$$

继续利用式(12) 我们有

$$\sqrt{b^2-1} = b-1+\sqrt{b^2-1}-b+1 =$$

$$b - 1 + \frac{2(b-1)}{\sqrt{b^2-1}+b-1} =$$

$$b - 1 + \cfrac{1}{\cfrac{2(b-1)+\sqrt{b^2-1}-b+1}{2(b-1)}} =$$

$$b - 1 + \cfrac{1}{1 + \cfrac{1}{\sqrt{b^2-1}+b-1}} =$$

$$b - 1 + \cfrac{1}{1 + \cfrac{1}{2(b-1)+\sqrt{b^2-1}-b+1}} =$$

$$b - 1 + \cfrac{1}{1 + \cfrac{1}{2(b-1) + \cfrac{2(b-1)}{\sqrt{b^2-1}+b-1}}} =$$

$$b - 1 + \cfrac{1}{1 + \cfrac{1}{2(b-1) + \cfrac{2(b-1)}{2(b-1)+\sqrt{b^2-1}-b+1}}} =$$

$$b - 1 + \cfrac{1}{1 + \cfrac{1}{2(b-1) + \cfrac{1}{1 + \cfrac{1}{\sqrt{b^2-1}+b-1}}}} = \cdots =$$

$$b - 1 + \cfrac{1}{1 + \cfrac{1}{2(b-1) + \cfrac{1}{1 + \cfrac{1}{2(b-1) + \cfrac{1}{1 + \cfrac{1}{2(b-1)+\cdots}}}}}}$$

(3)

由于 $1 + \cfrac{1}{2(b-1)} = \cfrac{2b-1}{2(b-1)}$,得到

$$2(b-1) + \cfrac{1}{1 + \cfrac{1}{2(b-1)}} = 2(b-1) + \cfrac{2(b-1)}{2b-1} = \cfrac{4b^2-4b}{2b-1}$$

因而

$$1 + \cfrac{1}{2(b-1) + \cfrac{1}{1 + \cfrac{1}{2(b-1)}}} = 1 + \frac{2b-1}{4b^2 - 4b} = \frac{4b^2 - 2b - 1}{4b^2 - 4b}$$

我们有

$$2(b-1) + \cfrac{1}{1 + \cfrac{1}{2(b-1) + \cfrac{1}{1 + \cfrac{1}{2(b-1)}}}} =$$

$$2(b-1) + \frac{4b^2 - 4b}{4b^2 - 2b - 1} = \frac{8b^3 - 8b^2 - 2b + 2}{4b^2 - 2b - 1}$$

得到

$$1 + \cfrac{1}{2(b-1) + \cfrac{1}{1 + \cfrac{1}{2(b-1) + \cfrac{1}{1 + \cfrac{1}{2(b-1)}}}}} =$$

$$1 + \frac{4b^2 - 2b - 1}{8b^3 - 8b^2 - 2b + 2} = \frac{8b^3 - 4b^2 - 4b + 1}{8b^3 - 8b^2 - 2b + 2} \tag{14}$$

由于

$$2(b-1) + 1 = 2b - 1, \quad 1 + \frac{1}{2b-1} = \frac{2b}{2b-1},$$

$$\cfrac{1}{1 + \cfrac{1}{2b-1}} = \frac{2b-1}{2b}$$

$$2(b-1) + \cfrac{1}{1 + \cfrac{1}{2b-1}} = 2(b-1) + \frac{2b-1}{2b} = \frac{4b^2 - 2b - 1}{2b}$$

$$1 + \cfrac{1}{2(b-1) + \cfrac{1}{1 + \cfrac{1}{2b-1}}} = 1 + \frac{2b}{4b^2 - 2b - 1} = \frac{4b^2 - 1}{4b^2 - 2b - 1}$$

$$2(b-1) + \cfrac{1}{1 + \cfrac{1}{2(b-1) + \cfrac{1}{1 + \cfrac{1}{2b-1}}}} =$$

$$2(b-1) + \frac{4b^2 - 2b - 1}{4b^2 - 1} = \frac{8b^3 - 4b^2 - 4b + 1}{4b^2 - 1}$$

所以我们有

$$1 + \cfrac{1}{2(b-1) + \cfrac{1}{1 + \cfrac{1}{2(b-1) + \cfrac{1}{1 + \cfrac{1}{2b-1}}}}} =$$

$$1 + \frac{4b^2 - 1}{8b^3 - 4b^2 - 4b + 1} = \frac{8b^3 - 4b}{8b^3 - 4b^2 - 4b + 1} \tag{15}$$

以后我们将由式(13)证明下面的式子能够成立

$$b - 1 + \cfrac{1}{1 + \cfrac{1}{2(b-1) + \cfrac{1}{1 + \cfrac{1}{2(b-1) + \cfrac{1}{1 + \cfrac{1}{2(b-1)}}}}}} \leqslant$$

$$\sqrt{b^2 - 1} \leqslant b - 1 + \cfrac{1}{1 + \cfrac{1}{2(b-1) + \cfrac{1}{1 + \cfrac{1}{2(b-1) + \cfrac{1}{1 + \cfrac{1}{2b-1}}}}}} \tag{16}$$

由式(14)到(16)我们有

$$b - 1 + \frac{8b^3 - 8b^2 - 2b + 2}{8b^3 - 4b^2 - 4b + 1} \leqslant \sqrt{b^2 - 1} \leqslant b - 1 + \frac{8b^3 - 4b^2 - 4b + 1}{8b^3 - 4b} \tag{17}$$

例2 求证 $\sqrt{11} = 3.3166247\cdots$.

证 在式(17)中取 $b = 10$,则得到 $9.949874355 \leqslant 9 + \frac{7\,182}{7\,561} \leqslant \sqrt{99} \leqslant 9 + \frac{7\,561}{7\,960} \leqslant 9.949874372$,所以 $\sqrt{11} = \frac{\sqrt{99}}{3} = 3.3166247\cdots$.

7.2 数学归纳法

数学归纳法是在数论中被广泛地应用的方法. 数学归纳法的用途是它可以

推断某些在一系列的特殊情形已经成立的数学命题在一般的情形下是不是也真确. 它的原则是这样的:

假如有一个数学命题符合下面两个条件:(1) 这个命题对 $n = 1$ 是真确的;(2) 假设这个命题对任一个正整数 $n = k - 1$ 是真确的, 那么我们就可以推出它对于 $n = k$ 也真确; 则我们说这个命题对于所有的正整数 n 都是真确的.

如果我们说数学归纳法的原则不是真确的, 那就是说这个命题并非对于所有的正整数 n 都是真确的, 那么我们一定可以找到一个最小的使命题不真确的正整数 m. 由于已知这个命题对 $n = 1$ 是真确的, 所以 m 一定大于 1. 由于 m 是一个大于 1 的正整数, 所以 $m - 1$ 也是一个正整数. 但 m 是使命题不真确的最小的正整数, 由于 $m - 1$ 小于 m, 所以命题对 $n = m - 1$ 一定真确. 这样就得出, 对于正整数 $m - 1$ 命题是真确的, 而对于紧接着的正整数 m, 命题不真确. 这和数学归纳法原则中的条件 (2) 相冲突.

下面举一些用数学归纳法证明问题的例子.

例 3 证明 $n^3 + 5n$ 是 6 的倍数 (这里 n 是一个正整数).

证 这里的数学命题就是指 $n^3 + 5n$ 是 6 的倍数.

(1) 当 $n = 1$ 时有 $n^3 + 5n = 6$, 因而当 $n = 1$ 时数学命题成立.

(2) 设 k 是一个 ≥ 2 的整数, 令这个数学命题对 $n = k - 1$ 成立, 即假定
$$(k - 1)^3 + 5(k - 1) = 6m$$
成立, 其中 m 是一个整数, 由此来推出 $k^3 + 5k$ 是 6 的倍数. 事实上, 由归纳法假设
$$\begin{aligned}k^3 + 5k &= (k - 1 + 1)^3 + 5(k - 1) + 5 = \\ &(k - 1)^3 + 3(k - 1)^2 + 3(k - 1) + 1 + 5(k - 1) + 5 = \\ &(k - 1)^3 + 5(k - 1) + 3(k - 1)k + 6 = \\ &6\left(m + 1 + \frac{k(k - 1)}{2}\right)\end{aligned}$$

由于 k 是一个整数, 所以 $\frac{k(k - 1)}{2}$ 也是一个整数, 因而 $m + 1 + \frac{k(k - 1)}{2}$ 是一个整数. 由此说明 $k^3 + 5$ 确实是 6 的倍数. 因而 $n^3 + 5n$ 是 6 的倍数对所有的正整数 n 都成立.

例 4 设 n 是一个正整数, $x_1, \cdots, x_n, y_1, \cdots, y_n$ 都是实数, 则
$$(x_1y_1 + \cdots + x_ny_n)^2 \leq (x_1^2 + \cdots + x_n^2)(y_1^2 + \cdots + y_n^2) \tag{18}$$
成立.

证 这里的数学命题是式 (18) 是真确的.

(1) 当 $n = 1$ 时我们有 $x_1^2 y_1^2 \geq (x_1 y_1)^2$, 故式 (18) 是成立的.

(2) 设 k 是一个 ≥ 2 的整数, 令这个数学命题对 $n = k - 1$ 成立, 即假定

$$(x_1y_1 + \cdots + x_{k-1}y_{k-1})^2 \leq (x_1^2 + \cdots + x_{k-1}^2) \times$$
$$(y_1^2 + \cdots + y_{k-1}^2) \tag{19}$$

成立. 由此来推出 $(x_1y_1 + \cdots + x_ky_k)^2 \leq (x_1^2 + \cdots + x_k^2) \times (y_1^2 + \cdots + y_k^2)$ 成立.

由式(19)我们有

$$(x_1y_1 + \cdots + x_{k-1}y_{k-1} + x_ky_k)^2 = (x_1y_1 + \cdots + x_{k-1}y_{k-1})^2 +$$
$$x_k^2 y_k^2 + 2x_ky_k(x_1y_1 + \cdots + x_{k-1}y_{k-1}) \leq (x_1^2 + \cdots + x_{k-1}^2) \times$$
$$(y_1^2 + \cdots + y_{k-1}^2) + x_k^2 y_k^2 + 2x_ky_k(x_1y_1 + \cdots + x_{k-1}y_{k-1}) \tag{20}$$

由于 x_i, y_i(其中 $i = 1, 2, \cdots, k$) 都是实数,所以我们有

$$2x_k^2 y_i^2 + x_i^2 y_k^2 - 2x_ky_k x_iy_i = (x_ky_i - x_iy_k)^2 \geq 0$$

即

$$2x_ky_k x_iy_i \leq x_k^2 y_i^2 + x_i^2 y_k^2$$

故得到

$$x_k^2 y_k^2 + 2x_ky_k(x_1y_1 + \cdots + x_{k-1}y_{k-1}) \leq$$
$$x_k^2(y_1^2 + \cdots + y_k^2) + y_k^2(x_1^2 + \cdots + x_{k-1}^2) \tag{21}$$

由式(20)和(21)我们有

$$(x_1y_1 + \cdots + x_ky_k)^2 \leq (x_1^2 + \cdots + x_k^2)(y_1^2 + \cdots + y_k^2)$$

即式(18)对于所有的正整数 n 都成立.

7.3 连分数的基本性质

设 a_1 是实数,而 $a_1, \cdots, a_n$ 都是 ≥ 1 的实数,我们把分数

$$a_1 + \cfrac{1}{a_2 + \cfrac{1}{a_3 + \cfrac{1}{\ddots + \cfrac{1}{a_n}}}} \tag{22}$$

叫作有限连分数,不过(22)的写法很占篇幅,故常用符号

$$a_1 + \frac{1}{a_2} + \frac{1}{a_3} + \frac{1}{a_4} + \cdots + \frac{1}{a_n} \tag{23}$$

或

$$[a_1, a_2, \cdots, a_n] \tag{24}$$

来表示有限连分数(22).

注意:此处(24)表示连分数(22),而不是表示最小公倍数.

定义 1 当 $1 \leq k \leq n$ 是一个整数时,我们把 $[a_1, a_2, \cdots, a_k] = \dfrac{p_k}{q_k}$ 叫作(22)

的第 k 个渐近分数.

由定义 1 可以知道 $\dfrac{p_k}{q_k}$ 是和 $a_1, a_2, \cdots, a_k$ 有关的, 但是和 $a_{k+1}, \cdots, a_n$ 没有关系, 由于

$$[a_1] = a_1 = \frac{a_1}{1}$$

所以有

$$\frac{p_1}{q_1} = \frac{a_1}{1}$$

由于

$$[a_1, a_2] = a_1 + \frac{1}{a_2} = \frac{a_1 a_2 + 1}{a_2}$$

所以有

$$\frac{p_2}{q_2} = \frac{a_1 a_2 + 1}{a_2}$$

由于

$$[a_1, a_2, a_3] = a_1 + \frac{1}{a_2 + \dfrac{1}{a_3}} = a_1 + \frac{1}{\dfrac{a_2 a_3 + 1}{a_3}} =$$

$$a_1 + \frac{a_3}{a_2 a_3 + 1} = \frac{a_3(a_1 a_2 + 1) + a_1}{a_2 a_3 + 1}$$

所以有

$$\frac{p_3}{q_3} = \frac{a_3(a_1 a_2 + 1) + a_1}{a_2 a_3 + 1}$$

更一般地我们有下面的结果.

引理 1 设 $n \geqslant 3$ 和连分数 $[a_1, a_2, \cdots, a_n]$ 的渐近分数是 $\dfrac{p_1}{q_1}, \dfrac{p_2}{q_2}, \cdots, \dfrac{p_n}{q_n}$, 则在这些渐近分数之间, 下面的关系式成立

$$p_1 = a_1, q_1 = 1, p_2 = a_1 a_2 + 1, q_2 = a_2$$

而当 $3 \leqslant k \leqslant n$ 时, 则有

$$p_k = a_k p_{k-1} + p_{k-2}, q_k = a_k q_{k-1} + q_{k-2} \tag{25}$$

证 由于

$$\frac{p_1}{q_1} = \frac{a_1}{1}$$

所以有

$$p_1 = a_1, q_1 = 1$$

由于
$$\frac{p_2}{q_2} = \frac{a_1 a_2 + 1}{a_2}$$
所以有
$$p_2 = a_1 a_2 + 1, q_2 = a_2$$
由于
$$\frac{p_3}{q_3} = \frac{a_3(a_1 a_2 + 1) + a_1}{a_2 a_3 + 1}$$
所以有
$$p_3 = a_3(a_1 a_t + 1) + a_1 = a_3 p_2 + a_1$$
$$q_3 = a_2 a_3 + 1 = a_3 q_2 + q_1 \tag{26}$$

由于在式(22)中设有 $a_2, \cdots, a_n$ 都是 ≥ 1 的实数,所以 q_1, q_2, q_3 都是 ≥ 1 的实数. 由式(26)知道,式(25)当 $k = 3$ 时是成立的,故引理1当 $n = 3$ 时是成立的. 现设 $n \geq 4$. 假定式(25)对小于 k 而 ≥ 3 的整数都能够成立,则由数学归纳法我们有

$$\frac{p_k}{q_k} = [a_1, a_2, \cdots, a_{k-1}, a_k] = [a_1, a_2, \cdots, a_{k-1} + \frac{1}{a_k}] =$$

$$\frac{\left(a_{k-1} + \frac{1}{a_k}\right) p_{k-2} + p_{k-3}}{\left(a_{k-1} + \frac{1}{a_k}\right) q_{k-2} + q_{k-3}} =$$

$$\frac{(a_k a_{k-1} + 1) p_{k-2} + a_k p_{k-3}}{(a_k a_{k-1} + 1) q_{k-2} + a_k q_{k-3}} =$$

$$\frac{a_k(a_{k-1} p_{k-2} + p_{k-3}) + p_{k-2}}{a_k(a_{k-1} q_{k-2} + q_{k-3}) + q_{k-2}}$$

故得到
$$p_k = a_k(a_{k-1} p_{k-2} + p_{k-3}) + p_{k-2}$$
$$q_k = a_k(a_{k-1} q_{k-2} + q_{k-3}) + q_{k-2} \tag{27}$$

由式(25)我们有 $p_{k-1} = a_{k-1} p_{k-2} + p_{k-3}, q_{k-1} = a_{k-1} q_{k-2} + q_{k-3}$,故由式(27)得到 $p_k = a_k p_{k-1} + p_{k-2}, q_k = a_k q_{k-1} + q_{k-2}$. 使用数学归纳法知道当 $3 \leq k \leq n$ 时,式(25)成立. 故引理1得证.

引理2 如果连分数 $[a_1, a_2, \cdots, a_n]$ 的 n 个渐近分数是 $\frac{p_k}{q_k}$(其中 $k = 1, 2, \cdots, n$),则当 $k \geq 2$ 时我们有

$$p_k q_{k-1} - p_{k-1} q_k = (-1)^k \tag{28}$$

而当 $k \geq 3$ 时我们有

$$p_kq_{k-2} - p_{k-2}q_k = (-1)^{k-1}a_k \qquad (29)$$

证 （1）由于 $p_2 = a_1a_2 + 1, q_1 = 1, p_1 = a_1, q_2 = a_2$，我们有

$$p_2q_1 - p_1q_2 = a_1a_2 + 1 - a_1a_2 = 1$$

所以当 $k = 2$ 时式(28)成立. 现设 $k \geqslant 3$，设式(28)当 $k-1$ 时是成立的，即 $p_{k-1}q_{k-2} - p_{k-2}q_{k-1} = (-1)^{k-1}$，则由式(25)我们有

$$p_kq_{k-1} - p_{k-1}q_k = (a_kp_{k-1} + p_{k-2})q_{k-1} - p_{k-1}(a_kq_{k-1} + q_{k-2}) =$$
$$p_{k-2}q_{k-1} - p_{k-1}q_{k-2} =$$
$$-(p_{k-1}q_{k-2} - p_{k-2}q_{k-1}) =$$
$$-(-1)^{k-1} = (-1)^k$$

故由数学归纳法知道式(28)能够成立.

（2）由式(25)和(28)我们有

$$p_kq_{k-2} - p_{k-2}q_k = (a_kp_{k-1} + p_{k-2})q_{k-2} - p_{k-2}(a_kq_{k-1} + q_{k-2}) =$$
$$a_k(p_{k-1}q_{k-2} - p_{k-1}q_{k-1}) =$$
$$(-1)^{k-1}a_k$$

故引理 2 得证.

7.4 把有理数表成连分数

例 5 把 $\dfrac{107}{95}$ 表成连分数.

解 我们有

$$\frac{107}{95} = 1 + \frac{12}{95} = 1 + \frac{1}{\frac{95}{12}} = 1 + \frac{1}{7 + \frac{11}{12}} =$$

$$1 + \cfrac{1}{7 + \cfrac{1}{1 + \cfrac{1}{11}}} = [1, 7, 1, 11]$$

例 6 把 $\dfrac{225}{43}$ 表成连分数.

解 我们有

$$\frac{225}{43} = 5 + \frac{10}{43} = 5 + \cfrac{1}{\frac{43}{10}} = 5 + \cfrac{1}{4 + \frac{3}{10}} = 5 + \cfrac{1}{4 + \cfrac{1}{\frac{10}{3}}} =$$

$$5 + \cfrac{1}{4 + \cfrac{1}{3 + \cfrac{1}{3}}} = [5,4,3,3]$$

引理 3 每一个有理数都能够表示成为有限连分数.

证 设 $\frac{a}{b}$ 是一个有理数,其中 a 是一个整数而 b 是一个正整数,设 $\frac{a}{b}$ 是一个整数,即 $\frac{a}{b} = c$,其中 c 是一个整数,则我们有 $\frac{a}{b} = [c]$.

设 $\frac{a}{b}$ 不是一个整数,则存在两个整数 q_1 和 r_1,使得 $a = bq_1 + r_1$ 成立,其中 $0 < r_1 < b$,即得

$$\frac{a}{b} = q_1 + \frac{r_1}{b} = q_1 + \cfrac{1}{\cfrac{b}{r_1}} \tag{30}$$

设 $\frac{b}{r_1}$ 是一个正整数,即 $\frac{b}{r_1} = c_1$,其中 c_1 是一个正整数,则由式(30) 我们有 $\frac{a}{b} = [q_1, c_1]$. 设 $\frac{b}{r_1}$ 不是一个正整数,则一定存在两个正整数 q_2 和 r_2,使得 $b = r_1 q_2 + r_2$ 成立,其中 $0 < r_2 < r_1$,即得 $\frac{b}{r_1} = q_2 + \frac{r_2}{r_1}$,故由式(30) 我们有

$$\frac{a}{b} = q_1 + \cfrac{1}{q_2 + \cfrac{r_2}{r_1}} = q_1 + \cfrac{1}{q_2 + \cfrac{1}{\cfrac{r_1}{r_2}}} \tag{31}$$

其中 r_1, r_2 都是正整数而 $0 < r_2 < r_1 < b$. 设 $\frac{r_1}{r_2}$ 是一个正整数,即 $\frac{r_1}{r_2} = c_2$,其中 c_2 是一个正整数,则由式(31) 我们有 $\frac{a}{b} = [q_1, q_2, c_2]$. 设 $\frac{r_1}{r_2}$ 不是一个正整数,则一定存在两个正整数 q_2 和 r_3,使得 $r_1 = r_2 q_3 + r_3$ 成立,其中 $0 < r_3 < r_2$. 即得 $\frac{r_1}{r_2} = q_2 + \frac{r_3}{r_2}$,故由式(31) 我们有

$$\frac{a}{b} = q_1 + \cfrac{1}{q_2 + \cfrac{1}{q_3 + \cfrac{1}{\cfrac{r_2}{r_3}}}} \tag{32}$$

用同样的方法进行下去,由于 $b, r_1, r_2, r_3, \cdots$ 都是正整数和 $b > r_1 > r_2 > r_3 > \cdots$,所

以最后一定有一个正整数 r_n，它使得

$$\frac{r_{n-2}}{r_{n-1}} = q_n + \frac{r_n}{r_{n-1}}, \frac{r_n}{r_{n-1}} = q_{n+1}, r_{n-2} > r_{n-1} > r_n$$

成立，其中 q_n, q_{n+1} 都是正整数，故得到

$$\frac{a}{b} = [q_1, q_2, \cdots, q_{n+1}]$$

引理 3 得证.

7.5 无限连分数

定义 2 如果 a_1 是整数而 $a_2, a_3, \cdots, a_k, \cdots$ 都是 ≥ 1 的实数，则连分数

$$[a_1, a_2, a_3, \cdots, a_k, \cdots]$$

叫作无限连分数，对于无限连分数，我们仍然规定 $\frac{p_t}{q_k} = [a_1, \cdots, a_k]$（其中 $k=1$，$2, \cdots$）是 $[a_1, a_2, a_3, \cdots, a_k, \cdots]$ 的第 k 个渐近分数. 又如当 $k \to \infty$ 时，$\frac{p_k}{q_k}$ 是一个极限，我们就把这一极限叫作连分数的值.

显然引理 1 和引理 2 对无限连分数来说仍然成立.

引理 4 设 $[a_1, a_2, \cdots, a_n \cdots]$ 是一个无限连分数，$\frac{p_k}{q_k}(k=1,2,\cdots)$ 是它的第 k 个渐近分数，则当 $k \geq 2$ 时我们有

$$\frac{p_{2(k-1)}}{q_{2(k-1)}} > \frac{p_{2k}}{q_{2k}}, \frac{p_{2k-1}}{q_{2k-1}} > \frac{p_{2k-3}}{q_{2k-3}}, \frac{p_{2k}}{q_{2k}} > \frac{p_{2k-1}}{q_{2k-1}}$$

证 由于 $a_1, a_2, \cdots, a_k, \cdots$，都是 ≥ 1 的实数和引理 1，我们有 $q_1, q_2, \cdots, q_k, \cdots$ 都是 ≥ 1 的实数，由式(29)我们有

$$\frac{p_{2(k-1)}}{q_{2(k-1)}} - \frac{p_{2k}}{q_{2k}} = \frac{-(p_{2k}q_{2(k-1)} - p_{2(k-1)}q_{2k})}{q_{2k}q_{2(k-1)}} =$$

$$\frac{(-1)^{2k} a_{2k}}{q_{2k} q_{2(k-2)}} > 0$$

$$\frac{p_{2k-1}}{q_{2k-1}} - \frac{p_{2k-3}}{q_{2k-3}} = \frac{p_{2k-1}q_{2k-3} - p_{2k-3}q_{2k-1}}{q_{2k-1}q_{2k-3}} =$$

$$\frac{(-1)^{2k-2} a_{2k-1}}{q_{2k-1} q_{2k-3}} > 0$$

故得到

$$\frac{p_{2(k-1)}}{q_{2(k-1)}} > \frac{p_{2k}}{q_{2k}}, \quad \frac{p_{2k-1}}{q_{2k-1}} > \frac{p_{2k-3}}{q_{2k-3}}$$

由式(28)我们有

$$\frac{p_{2k}}{q_{2k}} - \frac{p_{2k-1}}{q_{2k-2}} = \frac{p_{2k}q_{2k-1} - p_{2k-2}q_{2k}}{q_{2k}q_{2k-1}} = \frac{(-1)^{2k}}{q_{2k}q_{2k-1}} > 0$$

故得到

$$\frac{p_{2k}}{q_{2k}} > \frac{p_{2k-1}}{q_{2k-1}}$$

故引理得证.

定理 5 设 $[a_1, a_2, \cdots, a_n, \cdots]$ 是一个无限连分数. 当 $k \to \infty$ 时, $\frac{p_k}{q_k}$ 有一极限, 则我们有

$$\frac{p_1}{q_1} < \frac{p_3}{q_3} < \frac{p_5}{q_5} < \frac{p_7}{q_7} < \frac{p_9}{q_9} < \cdots < [a_1, a_2, \cdots, a_n, \cdots] < \cdots <$$

$$\frac{p_{10}}{q_{10}} < \frac{p_8}{q_8} < \frac{p_6}{q_6} < \frac{p_4}{q_4} < \frac{p_2}{q_2}$$

证 继续使用引理 4 即得到证明.

定义 3 设 x 是任何一个实数, 我们用 $[x]$ 来表示不大于 x 的最大整数, 我们用 $\{x\}$ 表示 $x - [x]$.

例如 $[4.9] = 4$, 所以

$$\{4.9\} = 4.9 - [4.9] = 0.9$$
$$[-2.3] = -3$$

所以

$$\{-2.3\} = -2.3 - [-2.3] = 0.7$$
$$[-0.8] = -1$$

所以

$$\{-0.8\} = -0.8 - [-0.8] = 0.2$$
$$[9] = 9, \{9\} = 0$$
$$[-11] = -11, \{-11\} = 0$$
$$[\sqrt{2}] = 1, \{\sqrt{2}\} = 0.414\,213\,56\cdots$$

由定义 3 可以得到下列的性质:

(1) $x = [x] + \{x\}, x - 1 < [x] \leqslant x$.

(2) 当 n 是一个整数时, 我们有 $[n + x] = n + [x]$.

(3) 当 $0 \leqslant x < 1$ 时, 有 $[x] = 0$.

例 7 当 x 是一个实数时, 我们有 $0 \leqslant \{x\} < 1$.

证 设 $x = n + y$, 其中 n 是一个整数而 $0 \leqslant y < 1$. 由(2)和(3)我们有

$$[x] = [n + y] = n + [y] = n \tag{33}$$

由性质(1)和式(33)我们有
$$\{x\} = x - [x] = n + y - n = y \tag{34}$$
由于 $0 \leq y < 1$ 和式(34),我们得到 $0 \leq \{x\} < 1$.

如果 α 是一个无理数,则有 $\alpha = [\alpha] + \{\alpha\}$. 令 $[\alpha] = a_1$ 是一个整数,由例7我们有 $0 \leq \{\alpha\} < 1$. 但 $\{\alpha\} \neq 0$,因为如果 $\{\alpha\} = 0$,则由 $\alpha = [\alpha] + \{\alpha\}$ 知道 α 是一个整数而和假设 α 是一个无理数发生矛盾. 所以 $0 < \{\alpha\} < 1$. 令 $\alpha_1 = \dfrac{1}{\{\alpha\}}$,则我们有 $\alpha_1 > 1$,而

$$\alpha = a_1 + \dfrac{1}{\dfrac{1}{\{\alpha\}}} = a_1 + \dfrac{1}{\alpha_1} \tag{35}$$

这里 α_1 是一个无理数. 因为如果 α_1 是一个有理数,则由 $\alpha_1 > 1$ 和式(35)知道 α 是一个有理数而和假设 α 是一个无理数发生矛盾. 令 $[\alpha_1] = a_2$,则我们有 $\alpha_1 = a_2 + \{\alpha_1\}$,其中 $0 \leq \{\alpha_1\} < 1$. 又 $\{\alpha_2\} \neq 0$,因为如果 $\{\alpha_1\} = 0$,则由 $\alpha_1 = a_2 + \{\alpha_1\}$ 知道 α_1 是一个正整数而和 α_1 是一个无理数发生矛盾. 令 $\alpha_2 = \dfrac{1}{\{\alpha_1\}}$,则由于 $0 < \{\alpha_1\} < 1$,我们有 $\alpha_2 > 1$,而

$$\alpha_1 = a_2 + \dfrac{1}{\dfrac{1}{\{\alpha_1\}}} = a_2 + \dfrac{1}{\alpha_2} \tag{36}$$

设当 $1 \leq i \leq k$ 时,我们都有 $\alpha_i = [\alpha_i] + \{\alpha_i\}$,其中 α_i 是一个无理数而 $0 < \{\alpha_i\} < 1$,令

$$a_{i+1} = [\alpha_i], \alpha_{i+1} = \dfrac{1}{\{\alpha_i\}} > 1$$

则当 $1 \leq i \leq k$ 时我们都有

$$\alpha_i = a_{i+1} + \dfrac{1}{\dfrac{1}{\{\alpha_i\}}} = a_{i+1} + \dfrac{1}{\alpha_{i+1}} \tag{37}$$

又 $\alpha_{k+1} = \dfrac{1}{\{\alpha_k\}} > 1$,故得到 $\alpha_{k+1} = [\alpha_{k+1}] + \{\alpha_{k+1}\}$,其中 $0 \leq \{\alpha_{k+1}\} < 1$. 又 $\{\alpha_{K+1}\} \neq 0$,因为如果 $\{\alpha_{k+1}\} = 0$,则由于 $\alpha_{k+1} = [\alpha_{k+1}] + \{\alpha_{k+1}\}$ 知道 α_{k+1} 是一个正整数,而且式(37)知道 α_k 是一个有理数,这和 α_k 是一个无理数发生矛盾. 所以 $0 < \{\alpha_{k+1}\} < 1$,令 $a_{k+2} = [\alpha_{k+1}], \alpha_{k+2} = \dfrac{1}{\{\alpha_{k+1}\}}$,由于 $\alpha_{k+2} > 1$,所以我们有

$$\alpha_{k+1} = a_{k+2} + \dfrac{1}{\dfrac{1}{\{\alpha_{k+1}\}}} = a_{k+2} + \dfrac{1}{\alpha_{k+2}} \tag{38}$$

即式(37)对于 $i = k + 1$ 也成立. 所以由数学归纳法知道式(37)对于所有正整数 i 都能够成立. 由式(35)和(37)知道对于所有正整数 k 都有
$$\alpha = [a_1, a_2, \cdots, a_k, \alpha_k]$$

例 8 求证式(3)和(4)成立.

证 在引理 5 中我们取 $a_1 = b, 2b = a_2 = a_3 = a_4 = a_5 = \cdots$. 由式(2)我们有
$$\sqrt{b^2 + 1} = [b, 2b, 2b, 2b, 2b, \cdots]$$

由式(2)和定义 1 我们有

$$\frac{p_3}{q_3} = b + \cfrac{1}{2b + \cfrac{1}{2b}}$$

$$\frac{p_4}{q_4} = b + \cfrac{1}{2b + \cfrac{1}{2b + \cfrac{1}{2b}}}$$

$$\frac{p_5}{q_5} = b + \cfrac{1}{2b + \cfrac{1}{2b + \cfrac{1}{2b + \cfrac{1}{2b}}}}$$

故由引理 5 知道式(3)和(4)都成立.

例 9 求证式(16)成立.

证 在引理 5 中我们取 $a_1 = b - 1$, 当 $k \geqslant 1$ 时取 $a_{2k} = 1, a_{2k+1} = 2(b-1)$, 由式(13)我们有
$$\sqrt{b^2 - 1} = [b - 1, 1, 2(b-1), 1, 2(b-1), 1, 2(b-1), \cdots]$$

由式(13)和定义 1 我们有

$$\frac{p_7}{q_7} = b - 1 + \cfrac{1}{1 + \cfrac{1}{2(b-1) + \cfrac{1}{1 + \cfrac{1}{2(b-1) + \cfrac{1}{1 + \cfrac{1}{2(b-1)}}}}}}$$

$$\frac{p_8}{q_8} = b - 1 + \cfrac{1}{1 + \cfrac{1}{2(b-1) + \cfrac{1}{1 + \cfrac{1}{2(b-1) + \cfrac{1}{1 + \cfrac{1}{2(b-1) + \cfrac{1}{1}}}}}}}$$

故由引理 5 知道式(16)成立.

定义 4 对于一个无限连分数 $[a_1, a_2, a_3, \cdots, a_n, \cdots]$, 如果能找到两个整数 $s \geq 0, t > 0$ 使得

$$a_{s+i} = a_{s+kt+i}, i = 1, 2, \cdots, t, k = 0, 1, 2, \cdots$$

成立,则我们就把这个无限连分数叫作循环连分数,并简单地把它记作 $[a_1, a_2, \cdots, a_s, \dot{a}_{s+1}, \cdots, \dot{a}_{s+t}]$.

例 10 设 b 是一个 ≥ 1 的实数,我们有

$$\sqrt{b^2 + 1} = [b, \dot{2b}] \tag{39}$$

当 b 是一个 ≥ 2 的实数时,则我们有

$$\sqrt{b^2 - 1} = [b - 1, \dot{1}, \dot{2(b-1)}] \tag{40}$$

证 由式(2)和定义 4,式(39)成立. 由式(13)和定义 4 我们知道式(40)成立.

例 11 设 b 是一个 ≥ 1 的实数,请用引理 1 求 $[b, \dot{2b}]$ 中的 p_1 到 p_8 和 q_1 到 q_8 关于 b 的表示式.

解 在引理 1 中取 $a_1 = b$,并当 $k \geq 2$ 时取 $a_k = 2b$,则由引理 1 我们有
$p_1 = b, p_2 = 2b^2 + 1$,
$p_3 = 2b(2b^2 + 1) + b = 4b^3 + 3b$,
$p_4 = 2b(4b^3 + 3b) + 2b^2 + 1 = 8b^4 + 8b^2 + 1$,
$p_5 = 2b(8b^4 + 8b^2 + 1) + 4b^3 + 3b = 16b^5 + 20b^3 + 5b$,
$p_6 = 2b(16b^5 + 20b^3 + 5b) + 8b^4 + 8b^2 + 1 = 32b^6 + 48b^4 + 18b^2 + 1$,
$p_7 = 2b(32b^6 + 48b^4 + 18b^2 + 1) + 16b^5 + 20b^3 + 5b = 64b^7 + 112b^5 + 56b^3 + 7b$,
$p_8 = 2b(64b^7 + 112b^5 + 56b^3 + 7b) + 32b^6 + 48b^4 + 18b^2 + 1 = 128b^8 + 256b^6 + 160b^4 + 32b^2 + 1$,
$q_1 = 1, q_2 = 2b, q_3 = 4b^2 + 1$,
$q_4 = 2b(4b^2 + 1) + 2b = 8b^3 + 4b$,
$q_5 = 2b(8b^3 + 4b) + 4b^2 + 1 = 16b^4 + 12b^2 + 1$,
$q_6 = 2b(16b^4 + 12b^2 + 1) + 8b^3 + 4b = 32b^5 + 32b^3 + 6b$,

$$q_7 = 2b(32b^5 + 32b^3 + 6b) + 16b^4 + 12b^2 + 1 = 64b^6 + 80b^4 + 24b^2 + 1,$$
$$q_8 = 2b(64b^6 + 80b^4 + 24b^2 + 1) + 32b^5 + 32b^3 + 6b = 128b^7 + 192b^5 + 80b^3 + 8b.$$

例 12   求证 $\sqrt{65} = 8.062\ 257\ 748\ 2\cdots$.

证   在式(39)中取 $b = 8$，由引理 5 和在例 11 中取

$$\frac{p_5}{q_5} \leqslant \sqrt{65} \leqslant \frac{p_6}{q_6}$$

得到

$$\sqrt{65} \geqslant \frac{16 \times 8^5 + 20 \times 8^3 + 5 \times 8}{16 \times 8^4 + 12 \times 8^2 + 1} =$$

$$\frac{534\ 568}{66\ 305} \geqslant 8.062\ 257\ 748\ 28$$

$$\sqrt{65} \leqslant \frac{32 \times 8^6 + 48 \times 8^4 + 18 \times 8^2 + 1}{32 \times 8^5 + 32 \times 8^3 + 48} =$$

$$\frac{8\ 586\ 369}{1\ 065\ 008} \leqslant 8.062\ 257\ 748\ 299$$

例 13   求证 $\sqrt{2} = 1.414\ 213\ 562\ 373\cdots$.

证   在式(39)中取 $b = 7$，由引理 5 和在例 11 中取

$$\frac{p_7}{q_7} < \sqrt{50} < \frac{p_6}{q_6}$$

得到

$$\sqrt{50} \geqslant \frac{64 \times 7^7 + 112 \times 7^5 + 56 \times 7^3 + 7^2}{64 \times 7^6 + 80 \times 7^4 + 24 \times 7^2 + 1} =$$

$$\frac{54\ 608\ 393}{7\ 722\ 793}$$

由于

$$5 \times \sqrt{2} = \sqrt{50}$$

故得到

$$\sqrt{2} \geqslant 1.414\ 213\ 562\ 373$$

$$\sqrt{50} \leqslant \frac{32 \times 7^6 + 48 \times 7^4 + 18 \times 7^2 + 1}{32 \times 7^5 + 32 \times 7^3 + 6 \times 7} = \frac{3\ 880\ 899}{548\ 842}$$

由于

$$5 \times \sqrt{2} = 50$$

而得到

$$\sqrt{2} \leqslant 1.414\ 213\ 562\ 373\ 3$$

例 14   求证 $\sqrt{26} = 5.099\ 019\ 513\ 592\cdots$.

证 在式(39)中取 $b=5$,在引理 5 和例 11 中取

$$\frac{p_7}{q_7} < \sqrt{26} < \frac{p_8}{q_8}$$

得到

$$\sqrt{26} \leqslant \frac{128 \times 5^8 + 256 \times 5^6 + 160 \times 5^4 + 32 \times 5^2 + 1}{128 \times 5^7 + 192 \times 5^5 + 80 \times 5^3 + 40} =$$

$$\frac{54\ 100\ 801}{10\ 610\ 040} \leqslant 5.099\ 019\ 513\ 592\ 8$$

$$\sqrt{26} \geqslant \frac{64 \times 5^7 + 112 \times 5^5 + 56 \times 5^3 + 35}{64 \times 5^6 + 80 \times 5^4 + 24 \times 5^2 + 1} =$$

$$\frac{5\ 357\ 035}{1\ 050\ 601} \geqslant 5.099\ 019\ 513\ 592\ 6$$

例 15 设 b 是一个 $\geqslant 2$ 的实数,请用引理 1 求 $[b-1,1,2(b-1)]$ 中的 p_1 到 p_{12} 和 q_1 到 q_{12}.

解 在引理 1 中取 $a_1 = b-1$,而当 $k \geqslant 1$ 时取 $a_{2k} = 1, a_{2k+1} = 2(b-1)$,则由引理 1 我们有

$p_1 = b - 1, p_2 = b,$

$p_3 = 2b(b-1) + b - 1 = 2b^2 - b - 1,$

$p_4 = 2b^2 - b - 1 + b = 2b^2 - 1,$

$p_5 = 2(b-1)(2b^2 - 1) + 2b^2 - b - 1 = 4b^3 - 4b^2 + 2b^2 - 2b - b + 1 = 4b^3 - 2b^2 - 3b + 1,$

$p_6 = 4b^3 - 2b^2 - 3b + 1 + 2b^2 - 1 = 4b^3 - 3b,$

$p_7 = 2(b-1)(4b^3 - 3b) + 3b^3 - 2b^2 - 3b + 1 = 8b^4 - 4b^3 - 8b^2 + 3b + 1,$

$p_8 = 8b^4 - 8b^2 + 1,$

$p_9 = 2(b-1)(8b^4 - 8b^2 + 1) + 8b^4 - 4b^3 - 8b^2 + 3b + 1 = 16b^5 - 8b^4 - 20b^3 + 8b^2 + 5b - 1,$

$p_{10} = 16b^5 - 20b^3 + 5b,$

$p_{11} = 2(b-1)(16b^5 - 20b^3 + 5b) + 16b^5 - 8b^4 - 20b^3 + 8b^2 + 5b - 1 = 32b^6 - 16b^5 - 48b^4 + 20b^3 + 18b^2 - 5b - 1,$

$p_{12} = 32b^6 - 48b^4 + 18b^2 - 1,$

$q_1 = q_2 = 1, q_3 = 2(b-1) + 1 = 2b - 1, q_4 = 2b,$

$q_5 = 4b(b-1) + 2b - 1 = 4b^2 - 2b - 1,$

$q_6 = 4b^2 - 1,$

$q_7 = 2(b-1)(4b^2 - 1) + 4b^2 - 2b - 1 = 8b^3 - 4b^2 - 4b + 1,$

$q_8 = 8b^3 - 4b,$

$q_9 = 2(b-1)(8b^3 - 4b) + 8b^3 - 4b^2 - 4b + 1 = 16b^4 - 8b^3 - 12b^2 + 4b + 1$,

$q_{10} = 16b^4 - 12b^2 + 1$,

$q_{11} = 2(b-1)(16b^4 - 12b^2 + 1) + 16b^4 - 8b^3 - 12b^2 + 4b + 1 = 32b^5 - 16b^4 - 32b^3 + 12b^2 + 6b - 1$,

$q_{12} = 32b^5 - 32b^3 + 6b$.

例 16 求证 $\sqrt{3} = 1.732\,050\,807\,56\cdots$.

证 在式(40)中取 $b = 7$，由引理 5 和例 15 我们有

$$\frac{p_{11}}{q_{11}} < \sqrt{48} < \frac{p_{12}}{q_{12}}$$

故得到

$$\sqrt{3} = \frac{\sqrt{48}}{4} < \frac{32 \times 7^6 - 48 \times 7^4 + 18 \times 7^2 - 1}{4(32 \times 7^5 - 32 \times 7^3 + 42)} =$$

$$\frac{3\,650\,401}{(4)(526\,890)} < 1.732\,050\,807\,569$$

$$\sqrt{3} = \frac{\sqrt{48}}{4} \geqslant$$

$$\frac{32 \times 7^6 - 16 \times 7^5 - 48 \times 7^4 + 20 \times 7^3 + 18 \times 7^2 - 35 - 1}{(32 \times 7^5 - 16 \times 7^4 - 32 \times 7^3 + 12 \times 7^2 + 42 - 1)(4)} =$$

$$\frac{3\,388\,314}{(4)(489\,061)} \geqslant 1.732\,050\,807\,567$$

例 17 求证 $\sqrt{5} = 2.236\,067\,977\,499\cdots$.

证 在式(40)中取 $b = 9$，由引理 5 和例 15 我们有

$$\frac{p_{11}}{q_{11}} < \sqrt{80} < \frac{p_{12}}{q_{12}}$$

故得到

$$\sqrt{5} = \frac{\sqrt{80}}{4} < \frac{32 \times 9^5 - 48 \times 9^4 + 18 \times 9^2 - 1}{4(32 \times 9^5 - 32 \times 9^3 + 54)} =$$

$$\frac{16\,692\,641}{4(1\,866\,294)} < 2.236\,067\,977\,499\,8$$

$$\sqrt{5} = \frac{\sqrt{80}}{4} >$$

$$\frac{32 \times 9^6 - 16 \times 9^5 - 48 \times 9^4 + 20 \times 9^3 + 18 \times 9^2 - 46}{4(32 \times 9^5 - 16 \times 9^4 - 32 \times 9^3 + 12 \times 9^2 + 54 - 1)} =$$

$$\frac{15\,762\,392}{4(1\,762\,289)} > 2.236\,067\,977\,499\,7$$

例18 求证 $\sqrt{7} = 2.645\,751\,311\,064\cdots$.

证 在式(40)中取 $b = 8$,由引理5和例15我们有

$$\frac{p_{11}}{q_{11}} < \sqrt{63} < \frac{p_{12}}{q_{12}}$$

故得到

$$\sqrt{7} = \frac{\sqrt{63}}{3} \leqslant \frac{32 \times 8^6 - 48 \times 8^4 + 18 \times 8^2 - 1}{3(32 \times 8^5 - 32 \times 8^3 + 48)} =$$

$$\frac{8\,193\,151}{3(1\,032\,240)} \leqslant 2.645\,751\,311\,064\,7$$

$$\sqrt{7} = \frac{\sqrt{63}}{3} \geqslant \frac{32 \times 8^6 - 16 \times 8^5 - 48 \times 8^4 + 20 \times 8^3 + 18 \times 8^2 - 41}{3(32 \times 8^5 - 16 \times 8^4 - 32 \times 8^3 + 12 \times 8^2 + 48 - 1)} =$$

$$\frac{7\,679\,063}{(3)(967\,471)} \geqslant 2.645\,751\,311\,064\,2$$

例19 求证 $\sqrt{11} = 3.316\,624\,790\,355\cdots$.

证 在式(40)中取 $b = 10$,由引理5和例15我们有

$$\frac{p_{11}}{q_{12}} < \sqrt{99} < \frac{p_{12}}{q_{12}}$$

故我们有

$$\sqrt{11} = \frac{\sqrt{99}}{3} \leqslant \frac{32 \times 10^6 - 48 \times 10^4 + 18 \times 10^2 - 1}{3(32 \times 10^5 - 32 \times 10^3 + 60)} =$$

$$\frac{31\,521\,799}{9\,504\,180} \leqslant 3.316\,624\,790\,355\,5$$

$$\sqrt{11} = \frac{\sqrt{99}}{3} \geqslant \frac{32 \times 10^6 - 16 \times 10^5 - 48 \times 10^4 + 20 \times 10^3 + 18 \times 10^2 - 51}{3(32 \times 10^5 - 16 \times 10^4 - 32 \times 10^3 + 12 \times 10^2 + 59)} =$$

$$\frac{29\,941\,749}{9\,027\,777} \geqslant 3.316\,624\,790\,355\,3$$

例20 求证 $\sqrt{13} = 3.605\,551\,275\cdots$.

证 由例13和例14我们有

$$\sqrt{13} = \frac{\sqrt{26}}{\sqrt{2}} = \frac{5.099\,019\,513\,592\cdots}{1.414\,213\,562\,373\cdots} = 3.605\,551\,275\cdots$$

关于连分数的推广,请参看华罗庚、王元著《数论在近似分析中的应用》一书.

7.6 函数 $[x], \{x\}$ 的一些性质

例21 我们有

$$[x] + [y] \leq [x+y], \{x\} + \{y\} \geq \{x+y\} \tag{41}$$

$$[-x] = \begin{cases} -[x] + 1, & \text{当 } x \text{ 不是整数时} \\ -[x], & \text{当 } x \text{ 是整数时} \end{cases} \tag{42}$$

证 设 $x = n + a, y = m + b$，其中 n 和 m 都是整数而 $0 \leq a < 1, 0 \leq b < 1$. 由定义 3 所得到的性质(2) 和(3)，我们有

$$[x] + [y] = n + m + [a] + [b] =$$
$$m + n \leq m + n + [a+b] =$$
$$[x+y]$$

我们又有

$$\{x\} + \{y\} = x - [x] + y - [y] \geq x + y - [x+y] =$$
$$\{x+y\}$$

故式(41) 得证. 当 x 是一个整数时，则由定义 3 所得到的性质(2) 和(3)，我们有

$$[-x] = [-x + 0] = -x + [0] = -x =$$
$$-(x + [0]) = -[x + 0] = -[x]$$

当 x 不是整数时，则令 $x = n + a$，其中 n 是一个整数而 $0 < a < 1$，则由性质(2) 和(3)，我们有

$$[-x] = [-n - a] = [-n - 1 + 1 - a] =$$
$$-n - 1 + [1 - a] = -n - 1 =$$
$$-[n+a] - 1 = -[x] - 1$$

故式(42) 得证.

例 22 设 n 是任一个正整数而 α 是一个实数时，则有

$$[\alpha] + \left[\alpha + \frac{1}{n}\right] + \cdots + \left[\alpha + \frac{n-1}{n}\right] = [n\alpha] \tag{43}$$

成立.

证 设 $\alpha = m + a$，其中 m 是一个整数而 $0 \leq a < 1$，则由性质(2) 我们有

$$[\alpha] + \left[\alpha + \frac{1}{n}\right] + \cdots + \left[\alpha + \frac{n-1}{n}\right] =$$
$$[m + a] + \left[m + a + \frac{1}{n}\right] + \cdots + \left[m + a + \frac{n-1}{n}\right] =$$
$$mn + [a] + \left[a + \frac{1}{n}\right] + \cdots + \left[a + \frac{n-1}{n}\right] \tag{44}$$

$$[n\alpha] = [nm + na] = mn + [na] \tag{45}$$

设 $0 \leq a < 1/n$，这时由性质(3) 我们有

$$[a] + \left[a + \frac{1}{n}\right] + \cdots + \left[a + \frac{n-1}{n}\right] = 0 = [na]$$

故当 $0 \leqslant a < \frac{1}{n}$ 时,由式(44)和(45)知道式(43)成立. 设 l 是一个正整数,它使得 $\frac{l}{n} \leqslant a < \frac{l+1}{n} \leqslant 1$ 成立. 由于当 $0 \leqslant i \leqslant n-l-1$ 时有 $\left[a+\frac{i}{n}\right]=0$, 而当 $n-l \leqslant i \leqslant n-1$ 时有 $\left[a+\frac{i}{n}\right]=1$, 故得到当 $\frac{l}{n} \leqslant a < \frac{l+1}{n}$ 时, 我们有

$$[a] + \left[a+\frac{1}{n}\right] + \cdots + \left[a+\frac{n-1}{n}\right] = l = [na]$$

因而由式(44)和(45)知道式(43)成立.

例 23 设 a, b 是两个整数,$b > 0$,则有

$$a = b\left[\frac{a}{b}\right] + b\left\{\frac{a}{b}\right\}, 0 \leqslant b\left\{\frac{a}{b}\right\} \leqslant b-1$$

证 由性质(1)我们有

$$\frac{a}{b} = \left[\frac{a}{b}\right] + \left\{\frac{a}{b}\right\}$$

故得到

$$a = b\left[\frac{a}{b}\right] + b\left\{\frac{a}{b}\right\}$$

由例 7 和 $b > 0$, 我们有 $b\left\{\frac{a}{b}\right\} \geqslant 0$. 设 $a = bm + r$, 其中 m 是一个整数而 $0 \leqslant r \leqslant b-1$, 则我们有 $\frac{a}{b} = m + \frac{r}{b}$. 由性质(2)和性质(3), 我们有

$$\left[\frac{a}{b}\right] = \left[m + \frac{r}{b}\right] = m + \left[\frac{r}{b}\right] = m$$

因而由性质(1)我们有

$$\left\{\frac{a}{b}\right\} = \frac{a}{b} - \left[\frac{a}{b}\right] = m + \frac{r}{b} - m = \frac{r}{b}$$

使用 $0 \leqslant r \leqslant b-1$, 即得到 $b\left\{\frac{a}{b}\right\} \leqslant b-1$.

例 24 我们有

$$[2x] + [2y] \geqslant [x] + [y] + [x+y]$$

证 设 $x = m + a$, 其中 m 是一个整数而 $0 \leqslant a < 1$; $y = n + b$, 其中 n 是一个整数而 $0 \leqslant b < 1$. 当 $a \geqslant b$ 时, 我们由性质(2)和性质(3)有

$$[2x] + [2y] = [2m+2a] + [2n+2b] =$$
$$2m + 2n + [2a] + [2b] \geqslant$$
$$m + n + m + n + [a+b] =$$
$$[m+a] + [n+b] + [m+n+a+b] =$$

$$[x] + [y] + [x+y]$$

同理,对于 $a < b$ 上式也成立,故例 24 得证.

7.7 数论函数

在前面,我们曾经提出了几种在数论里常用到的函数,例如欧拉函数 $\varphi(n)$,函数 $[x]$,$\{x\}$,这些函数都可以叫作数论函数. 所谓数论函数一般是指在整数(或正整数)上有确定的数值的函数. 在本节中我们还要再讨论几种数论函数.

设 a 是一个正整数而 b 是一个整数,如果存在一个正整数 m 使得 $a = bm$ 成立,我们就把 b 叫作 a 的因数. 例如 16 的因数是 1,2,4,8,16 共有 5 个,而 12 的因数是 1,2,3,4,6,12 共有 6 个.

定义 5 如果 n 是一个正整数,我们用 $d(n)$ 来表示 n 的因数的个数,例如 $d(16) = 5$,$d(12) = 6$. 我们把 $d(n)$ 叫作除数函数.

引理 6 设 $n = p_1^{\alpha_1} \cdots p_m^{\alpha_m}$,其中 $p_1, \cdots, p_m$ 都是不同的素数,而 $\alpha_1, \cdots, \alpha_m$ 都是正整数,则我们有
$$d(n) = (\alpha_1 + 1) \cdots (\alpha_m + 1)$$

证 n 的任何一个因数的形式是
$$p_1^{\beta_1} \cdots p_m^{\beta_m}$$
这里有
$$0 \leq \beta_1 \leq \alpha_1$$
$$\cdots$$
$$0 \leq \beta_m \leq \alpha_m$$

由于 β_1 可以经过 $\alpha_1 + 1$ 个不同的整数,$\cdots$,β_m 可以经过 $\alpha_m + 1$ 个不同的整数,而且每个 β_i 所经过的整数可以同其他 β_i 所经过的整数进行任意的配合,这样就可以产生 $(\alpha_1 + 1) \cdots (\alpha_m + 1)$ 个不同的正整数,而这些正整数都是 n 的因数,所以有
$$d(n) = (\alpha_1 + 1) \cdots (\alpha_m + 1)$$

引理 7 设 a, b 是两个正整数而 $(a, b) = 1$,则我们有
$$d(ab) = d(a)d(b)$$

证 设 $a = p_1^{\alpha_1} \cdots p_n^{\alpha_n}$,$b = q_1^{\beta_1} \cdots q_m^{\beta_m}$,其中 $p_1, \cdots, p_n, q_1, \cdots, q_m$ 都是素数,而 $\alpha_1, \cdots, \alpha_n, \beta_1, \cdots, \beta_n$ 都是正整数. 由于 $(a, b) = 1$,我们知道这时任何一个 $p_i(i = 1, \cdots, n)$ 与任何一个 $q_j(j = 1, \cdots, m)$ 都不能相等,故由引理 6 我们有
$$d(ab) = d(p_1^{\alpha_1} \cdots p_u^{\alpha_u} q_1^{\beta_1} \cdots q_m^{\beta_m}) =$$

$$(\alpha_1 + 1)\cdots(\alpha_n + 1)(\beta_1 + 1)\cdots(\beta_m + 1) \tag{46}$$

又由引理 6 我们有

$$d(a)d(b) = d(p_1^{\alpha_1}\cdots p_n^{\alpha_n})d(q_1^{\beta_1}\cdots q_m^{\beta_m}) =$$
$$(\alpha_1 + 1)\cdots(\alpha_n + 1)(\beta_t + 1)\cdots(\beta_m + 1) \tag{47}$$

由式(46)和(47)引理 7 得证.

例 25 求 $d(3\,496) = ?$

解 因为 $3\,496 = 2^3 \times 19 \times 23$,所以由引理 6 我们有

$$d(3\,496) = (3 + 1)(1 + 1)(1 + 1) = 16$$

定义 6 如果 n 是一个正整数,则我们把 n 的所有因数相加以后所得到的和叫作 n 的因数和,记作 $\sigma(n)$.

例如 32 的因数是 1,2,4,8,16,32,所以 32 的因数和是

$$\sigma(32) = 1 + 2 + 4 + 8 + 16 + 32 = 63$$

由于 24 的因数是 1,2,3,4,6,8,12,24,所以 24 的因数和是

$$\sigma(24) = 1 + 2 + 3 + 4 + 6 + 8 + 12 + 24 = 60$$

引理 8 当 l,m 是正整数且 $m \geq 2$ 时,我们有

$$1 + m + \cdots + m^l = \frac{m^{l+1} - 1}{m - 1} \tag{48}$$

证 当 $l = 1$ 时,我们有

$$l + m = \frac{(m + 1)(m - 1)}{m - 1} = \frac{m^2 - 1}{m - 1}$$

故当 $l = 1$ 时本引理成立. 现设 $k \geq 2$,而当 l 等于 $1,2,\cdots,k-1$ 时本引理都成立,则我们有

$$1 + m + \cdots + m^{k-1} + m^k = \frac{m^k - 1}{m - 1} + m^k = \frac{m^{k+1} - 1}{m - 1}$$

故当 $l = k$ 时本引理也成立,由数学归纳法知道引理 8 成立.

引理 9 设 p 是一个素数而 l 是一个正整数,则我们有

$$\sigma(p^l) = \frac{p^{l+1} - 1}{p - 1}$$

证 由于 p^l 的因数是 $1,p,\cdots,p^{l-1},p^l$,所以我们有

$$\sigma(p^l) = 1 + p + \cdots + p^l$$

而由引理 8 知道本引理成立.

引理 10 如果 m 是一个正整数而 $n = p_1^{\alpha_1}\cdots p_m^{\alpha_m}$,其中 $p_1,\cdots,p_m$ 是 m 个不同的素数,$\alpha_1,\cdots,\alpha_m$ 是 m 个正整数,则我们有

$$\sigma(n) = \frac{p_1^{\alpha_1+1} - 1}{p_1 - 1}\cdots\frac{p_m^{\alpha_m+1} - 1}{p_m - 1}$$

证 当 $m = 1$ 时,由引理 9 知道本引理成立,当 $m = 2$ 时,则有 $n = p_1^{\alpha_1}p_2^{\alpha_2}$.

令 $p_1^0 = p_2^0 = 1$. 如果将 $1 + p_1 + \cdots + p_1^{\alpha_1}$ 中的数 p_1^i(其中 $i = 0,1,\cdots,\alpha_i$) 同 $1 + p_2 + \cdots + p_2^{\alpha_2}$ 中的数 p_2^j(其中 $j = 0,1,\cdots,\alpha_2$) 一一相乘,这时 $n = p_1^{\alpha_1} p_2^{\alpha_2}$ 的全体因数都能够出现而且每个因数正好只出现一次,所以有

$$\sigma(n) = (1 + p_1 + \cdots + p_1^{\alpha_1})(1 + p_2 + \cdots + p_2^{\alpha_2}) \tag{49}$$

故当 $m = 2$ 时,由引理 8 和式(49)知道本引理成立,现设 $m \geqslant 3$,如果将

$$(1 + p_1 + \cdots + p_1^{\alpha_1})(1 + p_2 + \cdots + p_2^{\alpha_2}) \cdots (1 + p_m + \cdots + p_m^{\alpha_m}) \tag{50}$$

展开,则出现的都是 n 的因数,又 n 的全体因数都能出现,而且每个因数只出现一次,故由式(50)和引理 8,我们有

$$\sigma(n) = \frac{p_1^{\alpha_1+1} - 1}{p_1 - 1} \cdots \frac{p_m^{\alpha_m+1} - 1}{p_m - 1}$$

即本引理成立.

例 26 求 $\sigma(450) = ?$

解 因为 $450 = 2 \times 3^2 \times 5^2$,所以由引理 10 我们有

$$\sigma(450) = \frac{2^2 - 1}{2 - 1} \cdot \frac{3^3 - 1}{3 - 1} \cdot \frac{5^3 - 1}{5 - 1} = 3 \times 13 \times 31 = 1\,209$$

引理 11 设 m, n 是两个正整数且 $(m, n) = 1$,则我们有

$$\sigma(mn) = \sigma(m) \cdot \sigma(n)$$

证 设 $m = p_1^{\alpha_1} \cdots p_k^{\alpha_k}$, $n = q_1^{\beta_1} \cdots q_t^{\beta_t}$,其中 $p_1, \cdots, p_k$ 是 k 个不同的素数,$q_1, \cdots, q_l$ 是 l 个不同的素数,而 $\alpha_1, \cdots, \alpha_k, \beta_1, \cdots, \beta_l$ 都是正整数. 由于 $(m, n) = 1$,故任何 p_i(其中 $i = 1, \cdots, k$) 与任何 q_j(其中 $j = 1, \cdots, l$) 都不相同,所以由引理 10 我们有

$$\sigma(mn) = \sigma(p_1^{\alpha_1} \cdots p_k^{\alpha_k} \cdot q_1^{\beta_1} \cdots q_l^{\beta_l}) = \frac{p_1^{\alpha_1+1} - 1}{p_1 - 1} \cdots \frac{p_k^{\alpha_k+1} - 1}{p_k - 1} \cdot \frac{q_1^{\beta_1+1} - 1}{q_1 - 1} \cdots \frac{q_l^{\beta_l+1} - 1}{q_l - 1} \tag{51}$$

由引理 10 我们有

$$\sigma(m) \cdot \sigma(n) = \sigma(p_1^{\alpha_1} \cdots p_k^{\alpha_k}) \cdot \sigma(q_1^{\beta_1} \cdots q_l^{\beta_l}) = \frac{p_1^{\alpha_1+1} - 1}{p_1 - 1} \cdots \frac{p_k^{\alpha_k+1} - 1}{p_k - 1} \cdot \frac{q_1^{\beta_1+1} - 1}{q_1 - 1} \cdots \frac{q_l^{\beta_l+1} - 1}{q_l - 1} \tag{52}$$

由式(51)和(52)本引理得证.

定义 7 如果 n 是一个正整数,则我们把除去 n 本身以外的 n 的因数都叫作 n 的真因数.

6 的真因数是 1,2,3,而 $1 + 2 + 3$ 恰好等于 6. 28 的真因数是 1,2,4,7,14,而 $1 + 2 + 4 + 7 + 14$ 也恰好等于 28. 又 496 的真因数是 1,2,4,8,16,31,62,124,

248，而 $1 + 2 + 4 + 8 + 16 + 31 + 62 + 124 + 248 = 496$.

定义 8 如果 n 是一个正整数，当我们把 n 的所有真因数相加以后，所得到的和恰好等于 n 时，则我们把 n 叫作完全数. 或者说当 $\sigma(n) = 2n$ 成立时，则我们把 n 叫作完全数.

例如 6，28，496 都是完全数.

引理 12 如果 n 是一个 $\geqslant 2$ 的整数而 $2^n - 1$ 是一个素数，则
$$2^{n-1}(2^n - 1)$$
是一个完全数.

证 因为 $(2^{n-1}, 2^n - 1) = 1$ 成立，所以由引理 11 我们有
$$\sigma(2^{n-1}(2^n - 1)) = \sigma(2^{n-1}) \cdot \sigma(2^n - 1) \tag{53}$$
因为 $2^n - 1$ 是一个素数，所以 $2^n - 1$ 的因数是 $1, 2^n - 1$，故得到
$$\sigma(2^n - 1) = 2^n - 1 + 1 = 2^n \tag{54}$$
由于 $n \geqslant 2$，故由引理 9 我们有
$$\sigma(2^{n-1}) = \frac{2^n - 1}{2 - 1} = 2^n - 1 \tag{55}$$
由 (53) 到 (55) 式我们有
$$\sigma(2^{n-1}(2^n - 1)) = (2^n - 1) \cdot 2^n = 2 \cdot 2^{n-1}(2^n - 1)$$
所以 $2^{n-1}(2^n - 1)$ 是一个完全数.

由于 $2^7 - 1 = 127$ 是一个素数，所以 $2^6 \cdot (2^7 - 1) = 64 \times 127 = 8\ 128$ 是一个完全数. 由于 $2^{13} - 1 = 8\ 191$ 是一个素数，所以 $2^{12} \cdot (2^{13} - 1) = 4\ 096 \times 8\ 191 = 33\ 550\ 336$ 也是一个完全数. 上面求得的完全数，例如 6，28，496，8 128，33 550 336 等都是偶数. 直到现在我们还没有找到一个完全数是奇数的.

定义 9 如果 n 是一个正整数而 λ 是一个非负整数，则令
$$\sigma_\lambda(n) = \sum_{d \mid n} d^\lambda$$
这里 $\sum_{d \mid n}$ 系表示一个和式而和式中的 d 经过 n 的所有因数.

设 m 是一个整数，令 $m^0 = 1$. 由定义 5 和定义 9 我们有
$$\sigma_0(n) = d(n)$$
由定义 6 和定义 9 我们有
$$\sigma_1(n) = \sigma(n)$$

例 27 求 $\sigma_2(28) = ?$

解 由于 28 的因数是 1，2，4，7，14，28，所以有
$$\sigma_2(28) = 1 + 2^2 + 4^2 + 7^2 + 14^2 + 28^2 = 1\ 050$$

例 28 求 $\sigma_3(62) = ?$

解 由于 62 的因数是 1，2，31，62，所以有

$$\sigma_3(62) = 1 + 2^3 + 31^3 + 62^3 = 268\ 128$$

定义 10 麦比乌斯(Möbius)函数 $\mu(n)$ 是一个数论函数,它的定义是这样的

$$\mu(n) = \begin{cases} 1, & \text{当 } n = 1 \text{ 时} \\ (-1)^r, & \text{当 } n \text{ 是 } r \text{ 个不同的素数的乘积时} \\ 0, & \text{当 } n \text{ 能被一个素数的平方除尽时} \end{cases}$$

由定义容易算出

$\mu(1) = 1, \mu(2) = -1, \mu(3) = -1, \mu(4) = 0,$

$\mu(5) = -1, \mu(6) = 1, \mu(7) = -1, \mu(8) = 0,$

$\mu(9) = 0, \mu(10) = 1, \mu(11) = -1, \mu(12) = 0,$

$\mu(13) = -1, \mu(14) = 1.$

又当 p 是一个素数时,则有 $\mu(p) = -1$.

引理 13 如果 m, n 是两个正整数而 $(m, n) = 1$,则我们有

$$\mu(mn) = \mu(m) \cdot \mu(n)$$

证 如果 m 或 n 能被一个素数的平方除尽,则 mn 也能够被这个素数的平方除尽,故得到

$$\mu(mn) = 0 = \mu(m) \cdot \mu(n)$$

如果任何一个素数的平方都不能除尽 m,也不能够除尽 n,则由于 $(m, n) = 1$ 而得到任何一个素数的平方都不能够除尽 mn. 设 m 有 a 个不同的素因数,而 n 有 b 个不同的素因数,则由于 $(m, n) = 1$ 知道 mn 有 $a + b$ 个不同的素因数. 故得到

$$\mu(mn) = (-1)^{a+b} = (-1)^a (-1)^b = \mu(m) \cdot \mu(n)$$

引理 14 我们有

$$\sum_{d \mid n} \mu(d) = \begin{cases} 1, & \text{当 } n = 1 \text{ 时} \\ 0, & \text{当 } n > 1 \text{ 时} \end{cases}$$

证 当 $n = 1$ 时,则由于 $\sum_{d \mid n} \mu(d) = \mu(1) = 1$. 故本引理成立.

现设 $n \geq 2$ 是一个整数,当 m 是一个正整数而 $m \mid n$ 时,我们使用记号 $\sum_{m \mid d \mid n}$ 来表示一个和式,和式中的 d 经过所有能够被 m 除尽的 n 的因数. 特别当 $m = 1$ 时,则 $\sum_{1 \mid d \mid n}$ 相同于 $\sum_{d \mid n}$. 现在设 p 是一个素数,则我们有

$$\sum_{d \mid p} \mu(d) = 1 + \mu(p) = 1 - 1 = 0 \tag{56}$$

现在设 $p_1, \cdots, p_l$ 是 l 个不同的素数,我们首先来证明

$$\sum_{d \mid p_1 \cdots p_l} \mu(d) = 0 \tag{57}$$

成立. 当 $l=1$ 时, 由式(56)知道式(57)成立, 现在设 $k \geq 2$ 而当 $l=1,\cdots,k-1$ 时式(57)都成立, 即
$$\sum_{d \mid p_1 \cdots p_{k-1}} \mu(d) = 0 \tag{58}$$
则由 $p_1,\cdots,p_k$ 是 k 个不同的素数和引理 13, 我们有
$$\sum_{d \mid p_1 \cdots p_k} \mu(d) = \sum_{d \mid p_1 \cdots p_{k-1}} \mu(d) + \sum_{p_k \mid d \mid p_1 \cdots p_k} \mu(d) =$$
$$(1 + \mu(p_k)) \sum_{d \mid p_1 \cdots p_{k-1}} \mu(d) = 0$$
故当 $l=k$ 时式(57)也成立, 而由数学归纳法知道式(57)成立.

设 $n = p_1^{\alpha_1} \cdots p_l^{\alpha_l}$, 其中 $p_1,\cdots,p_l$ 是 l 个不同的素数, 而 $\alpha_1,\cdots,\alpha_l$ 是 l 个正整数. 由于当 d 能够被一个素数的平方除尽时有 $\mu(d)=0$. 由式(57)我们有
$$\sum_{d \mid n} \mu(d) = \sum_{d \mid p_1 \cdots p_k} \mu(d) = 0$$
故本引理得证.

引理 15 设 $n = p_1^{\alpha_1} \cdots p_m^{\alpha_m}$, 其中 $p_1,\cdots,p_m$ 是 m 个不同的素数, 而 $\alpha_1,\cdots,\alpha_m$ 都是正整数, 则我们有
$$\sum_{d \mid n} |\mu(d)| = 2^m$$

证 由于当 d 能够被一个素数的平方除尽时有 $\mu(d)=0$, 故得到
$$\sum_{d \mid n} |\mu(d)| = \sum_{d \mid p_1 \cdots p_m} |\mu(d)| \tag{59}$$
我们将证明当 $m \geq 1$ 时有
$$\sum_{d \mid p_1 \cdots p_m} |\mu(d)| = 2^m \tag{60}$$
成立, 当 $m=1$ 时由于
$$\sum_{d \mid p} |\mu(d)| = 1 + |\mu(p)| = 2$$
故式(60)成立. 现设 $k \geq 2$, 而当 $m=1,\cdots,k-1$ 时式(60)能够成立, 则由于 $p_1,\cdots,p_k$ 是 k 个不同的素数和引理 13 我们有
$$\sum_{d \mid p_1 \cdots p_k} |\mu(d)| = \sum_{d \mid p_1 \cdots p_{k-1}} |\mu(d)| + \sum_{p_k \mid d \mid p_1 \cdots p_k} |\mu(d)| =$$
$$(1 + |\mu(p_k)|) \sum_{d \mid p_1 \cdots p_{k-1}} |\mu(d)| = 2^k$$
故当 $m=k$ 时(60)时也成立, 而由数学归纳法知道式(60)成立. 由式(59)和(60)知道引理 15 成立.

习　　题

1. 用数学归纳法证明.

(1) $1 \cdot 2 + 2 \cdot 3 + 3 \cdot 4 + \cdots + n(n+1) = \dfrac{1}{3}n(n+1)(n+2)$.

(2) $1^3 + 2^3 + \cdots + n^3 = \left[\dfrac{n(n+1)}{2}\right]^2$.

(3) n 是非负整数时,$a^{n+2} + (a+1)^{2n+1}$ 含有因子 $a^2 + a + 1$.

(4) $(a_1 a_2 \cdots a_n)^{\frac{1}{n}} \leqslant \dfrac{a_1 + a_2 + \cdots + a_n}{n}$,这里 $a_1, a_2, \cdots, a_n$ 是非负实数.

2. 将下列有理分数化成连分数:

(1) $\dfrac{50}{13}$,(2) $-\dfrac{53}{25}$.

3. 用连分数计算 $\sqrt{41}$ 的近似值.

4. 已知 π 的连分数是
$$\pi = [3, 7, 15, 1, 292, 1, 1, \cdots]$$
式求它的最初七个渐近分数,并求其近似值.

5. 假设二元一次整系数方程 $ax + by = c, a > 0$,且 $(a, |b|) = 1$,$\dfrac{a}{|b|}$ 的渐近分数共有 k 个.

试证:$\begin{cases} x_0 = (-1)^k c q_{k-1} \\ y_0 = (-1)^{k+1} c p_{k-1} \cdot \dfrac{|b|}{b} \end{cases}$

是它的一组解,这里 $\dfrac{p_{k-1}}{q_{k-1}}$ 是 $\dfrac{a}{b}$ 的第 $k-1$ 个渐近分数.

6. 利用上题的结果求下列方程的整数解:

(1) $43x + 15y = 8$.

(2) $10x - 37y = 3$.

7. 证明:

(1) $\displaystyle\sum_{k=1}^{n} \left[\dfrac{k}{2}\right] = \left[\dfrac{n^2}{4}\right]$.

(2) $\displaystyle\sum_{k=1}^{n} \left[\dfrac{k}{3}\right] = \left[\dfrac{n(n-1)}{6}\right]$.

(3) 当 $0 < a < 8$ 时,必存在整数 b 使得

$$\sum_{k=1}^{n}\left[\frac{k}{a}\right]=\left[\frac{(2n+b)^2}{8a}\right]$$

8. 证明：当 n 是正整数时
$$[\sqrt{n}+\sqrt{n+1}]=[\sqrt{4n+2}]$$

9. 设 $f(x)=x-[x]-\frac{1}{2}$，证明：
$$\sum_{k=0}^{n-1}f\left(x+\frac{k}{n}\right)=f(nx)$$

10. 试证：$d(n)$ 是奇数的充分必要条件是 n 为一个平方数.

11. 试证：$\prod_{t|n}t=n^{d(n)/2}$，这里 $\prod_{t|n}t$ 表示 n 的所有因数的乘积.

12. 试证：$\sum_{d^2|n}\mu(d)=\mu^2(n)$.

13. 设若 $F(n)=\sum_{d|n}f(d)$，则有 $f(n)=\sum_{d|n}\left(\frac{n}{d}\right)\mu(d)$，反之亦成立.

14. 设整数 $n>0$，试证：

(1) $n=\sum_{d|n}\varphi(d)$.

(2) $\varphi(n)=n\sum_{d|n}\frac{\mu(d)}{d}$.

15. 证明偶完全数必须 $2^{n-1}(2^n-1)$ 的形式，并且 2^n-1 是素数.

16. 设 p,q 是两个互素的奇正整数，证明
$$\sum_{0<l<\frac{q}{2}}\left[\frac{p}{q}l\right]+\sum_{0<k<\frac{p}{2}}\left[\frac{q}{p}k\right]=\frac{p-1}{2}\cdot\frac{q-1}{2}$$

关于复数和三角和的概念

第 8 章

8.1 复数的引入

如果我们只限于在实数范围内,方程
$$x^2 + 1 = 0 \tag{1}$$
没有根,则我们不可能找到一个实数 a,使得
$$a^2 + 1 = 0$$
成立. 因为正数乘正数得到的是正数,负实数乘负实数得到的也是正数,即当 a 是实数时,a^2 永远是正的,所以 $a^2 + 1$ 永远不为 0. 由此可见,我们必须引进与实数截然不同的新的数,才能使式(1)有根,我们引进
$$i^2 = -1 \tag{2}$$
这里 i 是不同于实数的新的数,它是式(1)的一个根,我们把它叫作单位虚数.

采用实数中的乘幂的记法,可以得到
$$i^2 = -1, i^3 = i(i^2) = -i, i^4 = (i^2)(i^2) = 1 \tag{3}$$
我们规定 $i^0 = 1$. 当 k 是一个正整数时,我们使用相同于式(3)中的计算方法可以得到
$$i^{4k} = 1, i^{4k+1} = i, i^{4k+2} = -1, i^{4k+3} = -i \tag{4}$$
我们把形如
$$z = a + bi \tag{5}$$

的数叫作复数,其中 a,b 都是实数而 i 满足式(2)(有时我们把 i 记作 $\sqrt{-1}$);a 叫作复数 z 的实数部,bi 叫作复数 z 的虚部,b 叫作虚部系数,i 叫作单位纯虚数. 当 $b=0$ 时,由式(5)得到 $z=a$,所以实数是复数中的一部分. 当 $a=0$ 时,由式(5)得到 $z=bi$,如果 $b\neq 0$,我们把 $z=bi$ 叫作纯虚数.

在实践中我们发现,复数的加减法可以按照代数式 $a+bx$ 的加减规则来作,即:实数部和实数部相加(减),虚部和虚部相加(减).

例如
$$(104+11i)+(1\,011+103i)=(104+1\,001)+(11+103)i=1\,105+114i$$
$$(1\,003+104i)-(1\,002-1\,000i)=(1\,003-1\,002)+(104+1\,000)i=1+1\,104i$$

两个复数
$$z_1=a_1+b_1i,\ z_2=a_2+b_2i$$
相加的规则是
$$z_1+z_2=(a_1+b_1i)+(a_2+b_2i)=(a_1+a_2)+(b_1+b_2)i \tag{6}$$
两个复数
$$z_1=a_1+b_1i,\ z_2=a_2+b_2i$$
相减的规则是
$$z_1-z_2=(a_1+b_1i)-(a_2+b_2i)=(a_1-a_2)+(b_1-b_2)i \tag{7}$$

两个复数 $z=a_1+b_1i$ 和 $z_2=a_2+b_2i$,只有当它们的实数部和虚数部分相等时,才称这两个复数相等,如果 $z_1=z_2$,那么 $a_1=a_2$,$b_1=b_2$;反过来也对.

复数 $z=0$ 的意思是指 $a=b=0$;反过来. 如果 $a=b=0$,那么 $z=0$.

例 1 已知 $(5x+\sqrt{3})-i=3+(\sqrt{2}-y)i$,$x$ 和 y 都是实数,求 x 和 y.

解 根据复数相等的条件得到
$$\begin{cases}5x+\sqrt{3}=3\\-1=\sqrt{2}-y\end{cases}$$
所以 $x=\dfrac{3-\sqrt{3}}{5}$,$y=1+\sqrt{2}$.

复数 $z=a+bi$ 的绝对值(有时也叫作模)就是指正的实数 $\sqrt{a^2+b^2}$,我们用 $|a+bi|$ 来表示 z 的绝对值,因此有
$$|a+bi|=\sqrt{a^2+b^2} \tag{8}$$

例如

$$|3+4\mathrm{i}| = \sqrt{3^2+4^2} = 5$$

$$\left|\frac{-1+\sqrt{3}\mathrm{i}}{2}\right| = \sqrt{\frac{1}{4}+\frac{3}{4}} = 1$$

我们把复数 $a-b\mathrm{i}$ 叫作复数 $z=a+b\mathrm{i}$ 的共轭复数,记作

$$\bar{z} = a - b\mathrm{i} \tag{9}$$

我们也把复数 $z=a+b\mathrm{i}$ 叫作复数 $a-b\mathrm{i}$ 的共轭复数. 由于

$$|a-b\mathrm{i}| = \sqrt{a^2+b^2}$$

$$|a-b\mathrm{i}| = \sqrt{a^2+(-b)^2} = \sqrt{a^2+b^2}$$

所以互为共轭的两个复数的绝对值相等.

两个复数相乘,可以按代数式 $a+bx$ 的乘法规则来进行,只要把 i^2 换成实数就可以,例如

$$\begin{aligned}(a+b\mathrm{i})(c+d\mathrm{i}) &= ac+ad\mathrm{i}+bc\mathrm{i}+bd\mathrm{i}^2 \\ &= ac+ad\mathrm{i}+bc\mathrm{i}-bd \\ &= (ac-bd)+(ad+bc)\mathrm{i}\end{aligned} \tag{10}$$

两个复数相除,可以先把它写成分式的形式,然后分子、分母同乘以分母的共轭复数,转化为相乘的运算,再化简. 如计算

$$(a+b\mathrm{i}) \div (c+d\mathrm{i})$$

应该先把它写成 $\dfrac{a+b\mathrm{i}}{c+d\mathrm{i}}$ (c,d 不能同时为 0).

$$\begin{aligned}\frac{a+b\mathrm{i}}{c+d\mathrm{i}} &= \frac{(a+b\mathrm{i})(c-d\mathrm{i})}{(c+d\mathrm{i})(c-d\mathrm{i})} = \frac{(ac+bd)+(bc-ad)\mathrm{i}}{c^2+d^2} \\ &= \frac{ac+bd}{c^2+d^2}+\frac{bc-ad}{c^2+d^2}\mathrm{i}.\end{aligned} \tag{11}$$

例 2 计算 $(1+2\mathrm{i}) \div (3-4\mathrm{i})$.

解
$$\begin{aligned}(1+2\mathrm{i}) \div (3-4\mathrm{i}) &= \frac{1+2\mathrm{i}}{3-4\mathrm{i}} = \frac{(1+2\mathrm{i})(3+4\mathrm{i})}{(3-4\mathrm{i})(3+4\mathrm{i})} \\ &= \frac{3+4\mathrm{i}+6\mathrm{i}+8\mathrm{i}^2}{9+12\mathrm{i}-12\mathrm{i}-16\mathrm{i}^2} = \frac{(3-8)+(4+6)\mathrm{i}}{9+16} \\ &= \frac{-5+10\mathrm{i}}{25} = \frac{-1+2\mathrm{i}}{5}\end{aligned}$$

设 $z_1, z_2, \cdots, z_n$ 是 n 个复数,为方便起见,以后用求和记号 $\sum\limits_{k=1}^{n}$ 来表示 n 个数之和,例如

$$\sum_{k=1}^{n} z_k = z_1 + z_2 + \cdots + z_n$$

由式(3)和(4)我们有

$$\sum_{k=1}^{8} i^k = i + i^2 + i^3 + i^4 + i^5 + i^6 + i^7 + i^8 =$$
$$i - 1 - i + 1 + i - 1 - i + 1 = 0$$

例 3 设 n 是一个 ≥ 2 的整数而 $z_1, z_2, \cdots, z_n$ 是 n 个复数,则我们有
$$|z_1 z_2 \cdots z_n| = |z_1| \cdot |z_2| \cdots |z_n|$$

证 设 $z_1 = a + bi, z_2 = c + di$ 是两个复数,由式(10)我们有
$$|z_1 z_2| = \sqrt{(ac - bd)^2 + (ad + bc)^2},$$
$$|z_1| = \sqrt{a^2 + b^2}$$
$$|z_2| = \sqrt{c^2 + d^2}$$

其中 $|z_1 z_2|, |z_1|, |z_2|$ 都是正数,我们又有
$$(|z_1 z_2|)^2 = (ac - bd)^2 + (ad + bc)^2 =$$
$$a^2 c^2 + b^2 d^2 + a^2 d^2 + b^2 c^2 =$$
$$(a^2 + b^2)(c^2 + d^2) = (|z_1||z_2|)^2$$

故当 $n = 2$ 时例 3 成立. 现在设 $k \geq 3$,而当 n 等于 $2, 3, \cdots, k - 1$ 时例 3 都成立,则我们有
$$|z_1 z_2 \cdots z_{k-1} z_k| = |z_1||z_2| \cdots |z_{k-2}||z_{k-1} z_k| =$$
$$|z_1||z_2| \cdots |z_k|$$

故当 $n = k$ 时例 3 也成立,故由数学归纳法知道例 3 成立.

例 4 设 z_1 和 z_2 是两个复数,则我们有 $|z_1 + z_2| \leq |z_1| + |z_2|$.

证 设 $z_1 = a + bi, z_2 = c + di$,其中 a, b, c, d 都是实数,则我们有
$$(|z_1| + |z_2|)^2 - |z_1 + z_2|^2 =$$
$$(\sqrt{a^2 + b^2} + \sqrt{c^2 + d^2})^2 - (a + c)^2 - (b + d)^2 =$$
$$a^2 + b^2 + c^2 + d^2 + 2\sqrt{a^2 + b^2} \cdot \sqrt{c^2 + d^2} - a^2 - c^2 - 2ac - 2bd - b^2 - d^2 =$$
$$2(\sqrt{a^2 + b^2} \cdot \sqrt{c^2 + d^2} - ac - bd)$$

由于
$$(a^2 + b^2)(c^2 + d^2) - (ac + bd)^2 = (bc - ad)^2 \geq 0$$

故得到
$$(|z_1| + |z_2|)^2 - |z_1 + z_2|^2 \geq 0$$

由于 $|z_1|, |z_2|$ 和 $|z_1 + z_2|$ 都是正数,故例 4 得证.

8.2 角的概念,正弦函数和余弦函数

我们可以把角看作是一条射线在平面内绕着它的端点旋转而生成的. 射线

旋转的开始位置叫作角的始边,射线旋转的终止位置叫作角的终边.

如图 1 中, OA 是 $\angle \alpha$ 的始边, OB 是 $\angle \alpha$ 的终边.

在直角坐标系中,通常取正 x 轴为角的始边,原点为角的顶点. 为了区别射线绕原点旋转的两个方向,按逆时针方向转成的角作为正角.

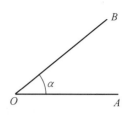

图 1

关于角的度量方法有两种不同的单位,在数论和高等数学中都采用弧度制,所以我们只介绍弧度制(因为弧度制是采用十进制的,使用起来较方便).

我们把等于半径长的圆弧所对的圆心角,叫作 1 弧度的角. 例如,在图 2 中,弧 AB(即 $\overset{\frown}{AB}$)的长度等于 R,而半径 OA 的长度也等于 R,这时我们说 $\angle AOB$ 就是 1 弧度的角. 用弧度作单位来度量弧或角的制度,叫作弧度制.

为了方便起见,我们可以取半径 R 等于 1. 这时如果弧的长度等于 l,那么,这个弧所对的圆心角 α 的弧度数,也等于 l,即

$$\alpha = l$$

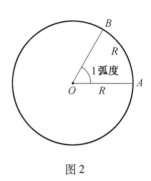

图 2

在用弧度来度量角时,"弧度"二字通常略去不写. 例如 $\angle AOB = 1$ 弧度,可以写成 $\angle AOB = 1$;如果 $\alpha = \dfrac{\pi}{4}$ 弧度(这里我们定义半径为 $\dfrac{1}{2}$ 的圆的圆周的长度等于 π),就可以写成 $\alpha = \dfrac{\pi}{4}$.

由于半径 R 等于 1 时,圆的圆周长度等于 2π,因此整个圆周所对的圆心角就是 2π 弧度,而在角度制中是 360°. 因此,可以得到

$$360° = 2\pi \text{ 弧度, 又 } \pi = 3.141\,592\,65\cdots$$

由此可以推出:

角度	360°	270°	180°	90°	60°	45°	30°	0°
弧度	2π	$\dfrac{3\pi}{2}$	π	$\dfrac{\pi}{2}$	$\dfrac{\pi}{3}$	$\dfrac{\pi}{4}$	$\dfrac{\pi}{6}$	0

因为 $180° = \pi$ 弧度,所以

$$1° = \dfrac{\pi}{180} \text{ 弧度} \approx 0.017\,453\,292 \text{ 弧度}$$

$$1 \text{ 弧度} = \dfrac{180°}{\pi} \approx 57°17'44.8''$$

角度制与弧度制是采用不同单位的度量制,利用上面的关系式,就可以进行角度与弧度的换算.

例 5 把 $67°30'$ 化成弧度.

解 因为 $67°30' = 67\frac{1}{2}$ 度

所以 $67°30' = \frac{\pi}{180}$ 弧度 $\times 67\frac{1}{2} = \frac{135\pi}{360}$ 弧度 $= \frac{3}{8}\pi$ 弧度

例 6 把 $\frac{3}{5}\pi$ 弧度化成度.

解 $\frac{3}{5}\pi$ 弧度 $= \frac{180°}{\pi} \times \frac{3}{5}\pi = 108°$.

注意:以后"弧度"二字都略去,例如我们写 α 就表示 α 弧度.

设一条射线从始边转到终边,形成的角是 α(如图 3).如果从 α 角再按逆时针方向转一圈,得到 $2\pi + \alpha$ 的角;转两圈,得到 $4\pi + \alpha$ 的角;⋯;一般地从 α 角再按逆时针方向转 n 圈,得到 $2n\pi + \alpha$ 的角,类似地,从 α 角再按顺时针方向转 n 圈,得到 $-2n\pi + \alpha$ 的角.

值得注意的是,这些角都有相同的始边和终边.换句话说:对于同一条终边(注意始边总是取在正 x 轴),可以形成下述形式的任意转角:

$$2n\pi + \alpha (n = 0, \pm, \pm 2, \cdots)$$

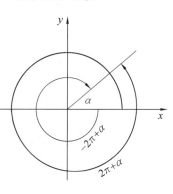

图 3

n 取正值时,表示逆时针方向旋转;n 取负值时,表示顺时针方向旋转.

定义 1 在直角坐标系中,设 α 是顶点在原点,始边为正 x 轴的任意角,A 为它的终边上任一点,$OA = r$,A 的纵坐标为 y,我们把 $\frac{y}{r}$ 叫作 α 的正弦函数,记作 $\sin \alpha$,即

$$\sin \alpha = \frac{y}{r}$$

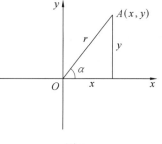

图 4

定义 2 在直角坐标系中,设 α 是顶点在原点,始边为正 x 轴的任意角,A 为它的终边上

任一点，$OA = r$，A 的坐标为 (x, y)，我们把 $\dfrac{x}{r}$ 叫作 α 的余弦函数，记作 $\cos \alpha$，即

$$\cos \alpha = \dfrac{x}{r}$$

我们容易证明下面的八个公式都成立（请参见高中一年级的数学课本）.

$$\cos 0 = 1 \qquad (12)$$

$$\sin(2n\pi + \alpha) = \sin \alpha \,(n = \pm 1, \pm 2, \cdots) \qquad (13)$$

$$\cos(2n\pi + \alpha) = \cos \alpha \,(n = \pm 1, \pm 2, \cdots) \qquad (14)$$

$$\sin(-\alpha) = -\sin \alpha = \sin(\pi + \alpha) = \cos\left(\dfrac{\pi}{2} + \alpha\right) \qquad (15)$$

$$\cos(-\alpha) = \cos \alpha = \sin\left(\dfrac{\pi}{2} + \alpha\right) \qquad (16)$$

$$\cos(\pi + \alpha) = -\cos \alpha = \sin\left(\dfrac{3\pi}{2} + \alpha\right) \qquad (17)$$

$$\cos\left(\dfrac{3\pi}{2} + \alpha\right) = \sin \alpha \qquad (18)$$

$$\cos(\alpha + \beta) = \cos \alpha \cdot \cos \beta - \sin \alpha \cdot \sin \beta \qquad (19)$$

式（13）（或式（14））说明，从 $\angle \alpha$ 再多转 2π 的整数倍那样大的角时，正弦函数（或余弦函数）的值不变，这个性质叫作正弦函数（或余弦函数）的周期性，2π 叫作它的周期.

利用正弦函数（或余弦函数）的周期性，求大于 2π 的任意角的正弦函数（或余弦函数）可以转化为求不小于 0 而小于 2π 的角的正弦函数值（或余弦函数值）.

由式（16）得到 $\sin \dfrac{\pi}{2} = \cos 0$，故由式（12）有 $\sin \dfrac{\pi}{2} = 1$. 由式（12）和（17）有 $\sin \dfrac{3\pi}{2} = \cos \pi = -1$. 在式（19）中取 $\beta = -\alpha$，则由式（12），（16）和（15）我们有

$$1 = \cos 0 = \cos \alpha \cdot \cos(-\alpha) - \sin \alpha \cdot \sin(-\alpha) = \cos^2\alpha + \sin^2\alpha \qquad (20)$$

由式（12）和（20）我们有 $\sin 0 = 0$，因而使用式（15）和（18）我们有

$$\sin \pi = \cos \dfrac{\pi}{2} = \cos \dfrac{3\pi}{2} = 0$$

由式（12），（13），（14）和 $\sin 0 = 0$，我们有

$$\sin 2\pi = 0, \cos 2\pi = 1$$

故得到

$$\sin 0 = 0, \sin \dfrac{\pi}{2} = 1, \sin \pi = 0, \sin \dfrac{3\pi}{2} = -1, \sin 2\pi = 0 \qquad (21)$$

$$\cos 0 = 1, \cos \frac{\pi}{2} = 0, \cos \pi = -1, \cos \frac{3\pi}{2} = 0, \cos 2\pi = 1 \qquad (22)$$

由式(18),(19) 和(17) 我们有

$$\sin(\alpha + \beta) = \cos\left(\frac{3\pi}{2} + \alpha + \beta\right) = \cos\left(\frac{3\pi}{2} + \alpha\right)\cos \beta -$$

$$\sin\left(\frac{3\pi}{2} + \alpha\right)\sin \beta = \sin \alpha \cdot \sin \beta + \cos \alpha \cdot \sin \beta \qquad (23)$$

当 α 是任一个实数时,我们将介绍一种方法,使用这个方法可以求出 $\sin \alpha$ 和 $\cos \alpha$ 的近似数值.

当 α_1 是一个实数时,我们可以求出一个整数 m 和一个实数 β_1,使得 $\alpha_1 = 2m\pi + \beta_1$ 成立,其中 $-\frac{\pi}{4} \leqslant \beta_1 \leqslant \frac{7\pi}{4}$,由式(13) 和(14) 我们有

$$\sin \alpha_1 = \sin(2m\pi + \beta_1) = \sin \beta_1$$
$$\cos \alpha_1 = \cos(2m\pi + \beta_1) = \cos \beta_1$$

(1) 当 $\frac{\pi}{4} < \beta_1 \leqslant \frac{3\pi}{4}$ 时,在式(15) 和(16) 中取 $\alpha_1 = \beta_1 - \frac{\pi}{2}$,这时我们有

$$\sin \beta_1 = \sin\left(\frac{\pi}{2} + \beta_1 - \frac{\pi}{2}\right) = \cos\left(\beta_1 - \frac{\pi}{2}\right)$$

$$\cos \beta_1 = \cos\left(\frac{\pi}{2} + \beta_1 - \frac{\pi}{2}\right) = \sin\left(-\left(\beta_1 - \frac{\pi}{2}\right)\right) =$$

$$\sin\left(\frac{\pi}{2} - \beta_1\right)$$

由于

$$\frac{\pi}{4} < \beta_1 \leqslant \frac{3\pi}{4}$$

得到

$$0 \leqslant \left|\beta_1 - \frac{\pi}{2}\right| \leqslant \frac{\pi}{4}$$

(2) 当 $\frac{3\pi}{4} < \beta_1 \leqslant \frac{5\pi}{4}$ 时,在式(15) 和(17) 中取 $\alpha = \beta_1 - \pi$,这时我们有

$$\sin \beta_1 = \sin(\pi + \beta_1 - \pi) = \sin(\pi - \beta_1)$$
$$\cos \beta_1 = \cos(\pi + \beta_1 - \pi) = -\cos(\beta_1 - \pi)$$

由于

$$\frac{3\pi}{4} < \beta_1 \leqslant \frac{5\pi}{4}$$

得到

$$0 \leqslant |\beta_1 - \pi| \leqslant \frac{\pi}{4}$$

(3) 当 $\dfrac{5\pi}{4} < \beta_1 \leqslant \dfrac{7\pi}{4}$ 时,在式(17)和(18)中取 $\alpha = \beta_1 - \dfrac{3\pi}{2}$ 时,这时我们有

$$\sin \beta_1 = \sin\left(\dfrac{3\pi}{2} + \beta_1 - \dfrac{3\pi}{2}\right) = -\cos\left(\beta_1 - \dfrac{3\pi}{2}\right)$$

$$\cos \beta_1 = \cos\left(\dfrac{3\pi}{2} + \beta_1 - \dfrac{3\pi}{2}\right) = \sin\left(\beta_1 - \dfrac{3\pi}{2}\right)$$

由于

$$\dfrac{5\pi}{4} < \beta_1 \leqslant \dfrac{7\pi}{4}$$

得到

$$0 \leqslant \left|\beta_1 - \dfrac{3\pi}{2}\right| \leqslant \dfrac{\pi}{4}$$

由于 $\sin(-\alpha) = -\sin\alpha$, $\cos(-\alpha) = \cos\alpha$ 和上述的(1),(2),(3)三种情形,我们知道如果想求任一个实数 α_1 的 $\sin\alpha_1$ 和 $\cos\alpha_1$ 的数值,可以化成为求 $\sin\beta$ 和 $\cos\beta$ 有关的问题,其中 $0 \leqslant \beta \leqslant \dfrac{\pi}{4}$. 令 $0! = 1$,又令 $1! = 1, 2! = 1 \times 2 = 2, 3! = 1 \times 2 \times 3 = 6$,而当 $n \geqslant 4$ 时则令 $n! = 1 \times 2 \times 3 \times \cdots \times n$. 在实践中我们发现当 $0 \leqslant x \leqslant 0.12$ 时,可用

$$\sum_{n=0}^{1} \dfrac{(-1)^n x^{2n+1}}{(2n+1)!} \left(\text{即 } x - \dfrac{x^3}{6}\right) \text{ 来近似 } \sin x$$

当 $0.12 < x \leqslant 0.4$ 时,可用

$$\sum_{n=0}^{1} \dfrac{(-1)^n x^{2n+1}}{(2n+1)!} \left(\text{即 } x - \dfrac{x^3}{6} + \dfrac{x^5}{120}\right) \text{ 来近似 } \sin x$$

当 $0.4 < x \leqslant \dfrac{\pi}{4}$ 时,可用

$$\sum_{n=0}^{3} \dfrac{(-1)^n x^{2n+1}}{(2n+1)!} \left(\text{即 } x - \dfrac{x^3}{6} + \dfrac{x^5}{120} - \dfrac{x^7}{5\,040}\right) \text{ 来近似 } \sin x$$

使用这些方法来近似 $\sin x$,我们至少可保证在小数点后的前六位数字都是准确的. 在实践中我们发现当 $0 \leqslant x \leqslant 0.04$ 时,可用

$$\sum_{n=0}^{1} \dfrac{(-1)^n x^{2n}}{(2n)!} \left(\text{即 } 1 - \dfrac{x^2}{2}\right) \text{ 来近似 } \cos x$$

当 $0.04 < x \leqslant 0.16$ 时,可用

$$\sum_{n=0}^{2} \dfrac{(-1)^n x^{2n}}{(2n)!} \left(\text{即 } 1 - \dfrac{x^2}{2} + \dfrac{x^4}{24}\right) \text{ 来近似 } \cos x$$

当 $0.16 < x \leqslant 0.5$ 时,可用

$$\sum_{n=0}^{3} \dfrac{(-1)^n x^{2n}}{(2n)!} \left(\text{即 } 1 - \dfrac{x^2}{2} + \dfrac{x^4}{24} - \dfrac{x^4}{720}\right) \text{ 来近似 } \cos x$$

当 $0.5 < x \leqslant \frac{\pi}{4} \leqslant 0.786$ 时,可用

$$\sum_{n=0}^{4} \frac{(-1)^n x^{2n}}{(2n)!} \left(\text{即 } 1 - \frac{x^2}{2} + \frac{x^4}{24} - \frac{x^6}{720} + \frac{x^8}{40\,320}\right) \text{ 来近似 } \cos x$$

使用这些方法来近似 $\cos x$,我们至少可保证在小数点后的前六位数字是准确的.

例如

$$\sin 0.12 = 0.119\,712\,207\cdots$$

而

$$0.12 - \frac{(0.12)^3}{6} = 0.119\,712$$

$$\sin 0.4 = 0.389\,418\,342\cdots$$

而

$$0.4 - \frac{(0.4)^3}{6} + \frac{(0.4)^5}{120} = 0.389\,418\,6\cdots$$

$$\sin \frac{\pi}{4} = 0.707\,106\,781\cdots$$

而

$$\frac{\pi}{4} - \frac{\pi^3}{6 \times 4^3} + \frac{\pi^5}{120 \times 4^5} - \frac{\pi^7}{5\,040 \times 4^7} = 0.707\,106\,4\cdots$$

$$\cos 0.04 = 0.999\,200\,106\cdots$$

而

$$1 - \frac{(0.04)^2}{2} = 0.999\,2$$

$$\cos 0.16 = 0.987\,227\,283\cdots$$

而

$$1 - \frac{(0.16)^2}{2} + \frac{(0.16)^4}{24} = 0.987\,227\,3\cdots$$

$$\cos 0.5 = 0.877\,582\,56\cdots$$

而

$$1 - \frac{(0.5)^2}{2} + \frac{(0.5)^4}{24} - \frac{(0.5)^6}{720} = 0.877\,582\,4\cdots$$

$$\cos \frac{\pi}{4} = 0.707\,106\,781\cdots$$

而

$$1 - \frac{\pi^2}{2 \times 4^2} + \frac{\pi^4}{24 \times 4^4} - \frac{\pi^6}{720 \times 4^6} + \frac{\pi^8}{40\,320 \times 4^8} = 0.707\,106\,8\cdots$$

我们现在使用这种方法来求 sin 90.

由于
$$90 = 28\pi + 2.035\,405\,6\cdots$$

故由(1)有
$$\sin 90 = \cos\left(2.035\,405\,6\cdots - \frac{\pi}{2}\right) = \cos 0.464\,609\cdots$$

故可用
$$\sum_{n=0}^{3} \frac{(-1)^n (0.464\,609)^{2n}}{(2n)!} \approx \sin 90$$

由于
$$1 - \frac{(0.464\,609)^2}{2} + \frac{(0.464\,609)^4}{24} - \frac{(0.464\,609)^6}{720} \approx 0.893\,99$$

故得到
$$\sin 90 \approx 0.893\,99$$

8.3 复数的指数式

如果我们定义
$$e^{i\theta} = \cos\theta + i\sin\theta \tag{24}$$

其中 θ 是一个实数,那么复数 $z = r(\cos\theta + i\sin\theta)$ 就可以表示为简单形式
$$z = re^{i\theta}$$

其中 r 是一个实数,而 $z = re^{i\theta}$ 称为复数的指数式.

这里,$e^{i\theta}$ 是作为一个记号引进来的,它代表复数 $\cos\theta + i\sin\theta$,由式(21)和(22)我们有
$$e^{i0} = \cos 0 + i\sin 0 = 1, e^{i\frac{\pi}{2}} = \cos\frac{\pi}{2} + i\sin\frac{\pi}{2} = i \tag{25}$$

$$e^{i\pi} = \cos\pi + i\sin\pi = -1, e^{i\frac{3\pi}{2}} = \cos\frac{3\pi}{2} + i\sin\frac{3\pi}{2} = -i \tag{26}$$

设 n 是一个整数而 θ 是一个实数,则由式(13)和(14)我们有
$$e^{i(2\pi n + \theta)} = \cos(2\pi n + \theta) + i\sin(2\pi n + \theta) =$$
$$\cos\theta + i\sin\theta = e^{i\theta} \tag{27}$$

由式(20)我们知道 $e^{i\theta}$ 的绝对值等于 1,即
$$|e^{i\theta}| = \sqrt{\cos^2\theta + \sin^2\theta} = 1 \tag{28}$$

引理 1 设 θ_1 和 θ_2 是两个实数,则我们有
$$e^{i(\theta_1 + \theta_2)} = e^{i\theta_1} \cdot e^{i\theta_2}$$

证 由式(24)我们有
$$e^{i\theta_1} \cdot e^{i\theta_2} = (\cos\theta_1 + i\sin\theta_1)(\cos\theta_2 + i\sin\theta_2) =$$
$$\cos\theta_1 \cdot \cos\theta_2 + i^2\sin\theta_1 \cdot \sin\theta_2 +$$
$$i\sin\theta_1 \cdot \cos\theta_2 + i\cos\theta_1 \cdot \sin\theta_2 =$$
$$\cos\theta_1 \cdot \cos\theta_2 - \sin\theta_1 \cdot \sin\theta_2 +$$
$$i(\sin\theta_1 \cdot \cos\theta_2 + \cos\theta_1 \cdot \sin\theta_2)$$

故由式(19)和(23)我们有
$$e^{i\theta_1} \cdot e^{i\theta_2} = \cos(\theta_1 + \theta_2) + i\sin(\theta_1 + \theta_2) \tag{29}$$

由式(24)我们有
$$e^{i(\theta_1 + \theta_2)} = \cos(\theta_1 + \theta_2) + i\sin(\theta_1 + \theta_2) \tag{30}$$

由式(29)和式(30)知道引理1成立.

定义3 设 n 是一个非负整数而 $z = a + bi$,其中 a, b 都是实数. 令 $z^0 = 1$, $z^1 = z$,当 $n \geq 2$ 时我们说复数 z 的 n 次方就是 n 个 z 的连乘而成的,即
$$z^n = \underbrace{z \cdot z \cdot \cdots \cdot z}_{n\text{个}}$$

引理2 设 n 是一个正整数,θ 是一个实数,则我们有
$$(e^{i\theta})^n = e^{in\theta}$$

证 当 $n = 1$ 时由 $(e^{i\theta}) = e^{i\theta}$,故本引理成立,现在设 $k \geq 2$,而当 n 等于 $1, 2, \cdots, k-1$ 时本引理都成立,则由引理1我们有
$$(e^{i\theta})^k = (e^{i\theta})^{k-1} \cdot e^{i\theta} = e^{i(k-1)\theta} \cdot e^{i\theta} = e^{ik\theta}$$

故当 $n = k$ 时本引理也成立,而由数学归纳法知道引理2成立.

例7 设
$$\sin\alpha + \sin\beta + \sin\gamma = \cos\alpha + \cos\beta + \cos\gamma = 0$$
请证明
$$3e^{i(\alpha+\beta+\gamma)} = e^{3i\alpha} + e^{3i\beta} + e^{3i\gamma}$$
成立. 因而有
$$3\cos(\alpha + \beta + \gamma) = \cos 3\alpha + \cos 3\beta + \cos 3\gamma$$
$$3\sin(\alpha + \beta + \gamma) = \sin 3\alpha + \sin 3\beta + \sin 3\gamma$$

证 我们有
$(a + b + c)(a^2 + b^2 + c^2 - ab - bc - ca) =$
$a^3 + ab^2 + ac^2 - a^2b - abc - ca^2 + ba^2 + b^3 + bc^2 - ab^2 -$
$b^2c - bca + ca^2 + cb^2 + c^3 - abc - bc^2 - c^2a =$
$a^3 + b^3 + c^3 + ba^2 - a^2b - ca^2 + ca^2 + ab^2 - ab^2 + ac^2 - c^2a +$
$bc^2 - bc^2 - b^2c + cb^2 - abc =$
$a^3 + b^3 + c^3 - 3abc \tag{31}$

我们令

$$a = e^{i\alpha}, b = e^{i\beta}, c = e^{i\gamma}$$

由于假设
$$\sin \alpha + \sin \beta + \sin \gamma = \cos \alpha + \cos \beta + \cos \gamma = 0$$

故得到
$$a + b + c = e^{i\alpha} + e^{i\beta} + e^{i\gamma} = \cos \alpha + i\sin \alpha + \cos \beta + i\sin \beta + \cos \gamma + i\sin \gamma = 0 \tag{32}$$

由式(31)和(32)得到
$$(e^{i\alpha})^3 + (e^{i\beta})^3 + (e^{i\gamma})^3 = 3e^{i\alpha} \cdot e^{i\beta} \cdot e^{i\gamma}$$

由引理1和引理2即得到
$$3e^{i(\alpha+\beta+\gamma)} = e^{3i\alpha} + e^{3i\beta} + e^{3i\gamma}$$

故例7得证.

例8 证明$(\sin x + i\cos x)^n = e^{in(\frac{\pi}{2}-x)}$

证 由引理1和式(25)我们有
$$e^{in(\frac{\pi}{2}-x)} = e^{in\frac{\pi}{2}} \cdot e^{-inx} = (e^{i\frac{\pi}{2}})^n e^{-inx} = (ie^{-ix})^n = (i\cos x + i^2\sin(-x))^n = (\sin x + i\cos x)^n$$

故例8得证.

例9 证明恒等式
$$\sin(\alpha - \beta)\sin(\gamma - \delta) = \sin(\alpha - \delta)\sin(\gamma - \beta) + \sin(\alpha - \gamma)\sin(\beta - \delta)$$

证 由于
$$(a^2 - d^2)(c^2 - b^2) + (a^2 - c^2)(b^2 - d^2) = a^2c^2 - a^2b^2 - c^2d^2 + b^2d^2 + a^2b^2 - a^2d^2 - b^2c^2 + c^2d^2 = a^2c^2 - a^2d^2 + b^2d^2 - b^2c^2 = (a^2 - b^2)(c^2 - d^2) \tag{33}$$

令
$$a = e^{i\alpha}, b = e^{i\beta}, c = e^{i\gamma}, d = e^{i\delta}$$

则我们有
$$(a^2 - b^2)(c^2 - d^2) = (e^{2i\alpha} - e^{2i\beta})(e^{2i\gamma} - e^{2i\delta}) = e^{i(\alpha+\beta)} \cdot (e^{i(\alpha-\beta)} - e^{i(\beta-\alpha)}) \cdot e^{i(\gamma+\delta)} \cdot (e^{i(\gamma-\delta)} - e^{-i(\gamma-\delta)}) = e^{i(\alpha+\beta+\gamma+\delta)}(\cos(\alpha-\beta) + i\sin(\alpha-\beta) - \cos(-(\alpha-\beta)) - i\sin(-(\alpha-\beta))) \times (\cos(\gamma-\delta) + i\sin(\gamma-\delta) - \cos(-(\gamma-\delta)) - i\sin(-(\gamma-\delta))) = e^{i(\alpha+\beta+\gamma+\delta)}(2i\sin(\alpha-\beta))(2i\sin(\gamma-\delta)) = -4e^{i(\alpha+\beta+\gamma+\delta)}\sin(\alpha-\beta)\sin(\gamma-\delta) \tag{34}$$

$$(a^2 - d^2)(c^2 - b^2) = (e^{2i\alpha} - e^{2i\delta})(e^{2i\gamma} - e^{2i\beta}) =$$

$$e^{i(\alpha+\delta)}(e^{i(\alpha-\delta)} - e^{-i(\alpha-\delta)})e^{i(\gamma+\beta)}(e^{i(\gamma-\beta)} - e^{-i(\gamma-\beta)}) =$$
$$-4e^{i(\alpha+\beta+\gamma+\delta)}\sin(\alpha-\delta)\sin(\gamma-\beta) \tag{35}$$
$$(a^2 - c^2)(b^2 - d^2) = (e^{2i\alpha} - e^{2i\gamma})(e^{2i\beta} - e^{2i\delta}) =$$
$$e^{i(\alpha+\gamma)}(e^{i(\alpha-\gamma)} - e^{-i(\alpha-\gamma)})e^{i(\beta+\delta)}(e^{i(\beta-\delta)} - e^{-i(\beta-\delta)}) =$$
$$-4e^{i(\alpha+\beta+\gamma+\delta)}\sin(\alpha-\gamma)\cdot\sin(\beta-\delta) \tag{36}$$

由式(33)到(36)我们有

$$-4e^{i(\alpha+\beta+\gamma+\delta)}\sin(\alpha-\beta)\sin(\gamma-\delta) =$$
$$-4e^{i(\alpha+\beta+\gamma+\delta)}\sin(\alpha-\delta)\sin(\gamma-\beta) =$$
$$-4e^{i(\alpha+\beta+\gamma+\delta)}\sin(\alpha-\gamma)\sin(\beta-\delta)$$

由于 $e^{i(\alpha+\beta+\gamma+\delta)} \neq 0$,可将 $-4e^{i(\alpha+\beta+\gamma+\delta)}$ 同时除以上式中的两边,则例9得证.

引理3 设 n 是一个正整数而 $z = a + bi$ 是一个复数,则当 $z \neq 1$ 时我们有

$$\sum_{m=0}^{n} z^m = \frac{1 - z^{n+1}}{1 - z}$$

证 当 $n = 1$ 时我们有

$$1 + z = \frac{(1+z)(1-z)}{1-z} = \frac{1-z^2}{1-z}$$

故当 $n = 1$ 时本引理成立. 现设 $k \geq 2$,而当 n 等于 $1, 2, \cdots, k-1$ 时本引理都成立,则我们有

$$\sum_{m=0}^{k} z^m = \sum_{m=0}^{k-1} z^m + z^k = \frac{1-z^k}{1-z} + z^k = \frac{1-z^{k+1}}{1-z}$$

故当 $n = k$ 时本引理也成立,而由数学归纳法知道引理3成立.

引理4 我们有

$$\sum_{m=0}^{n-1} e^{i(\theta+m\varphi)} = e^{i\left(\theta+\frac{n-1}{2}\varphi\right)} \cdot \frac{\sin\frac{n\varphi}{2}}{\sin\frac{\varphi}{2}}$$

其中 n 是一个正整数,$\varphi \neq 2l\pi$,其中 l 是任一个整数,即 $\left\{\frac{\varphi}{2\pi}\right\} \neq 0$($\{x\}$ 表示 $x - [x]$,见第7章的定义3).

证 由于 $\left\{\frac{\varphi}{2\pi}\right\} \neq 0$,故有 $e^{i\varphi} \neq 1$,由引理3,我们有

$$\sum_{m=0}^{n-1} e^{im\varphi} = \frac{1 - e^{in\varphi}}{1 - e^{i\varphi}} = \frac{e^{\frac{in\varphi}{2}}(e^{\frac{in\varphi}{2}} - e^{-\frac{in\varphi}{2}})}{e^{\frac{i\varphi}{2}}(e^{\frac{i\varphi}{2}} - e^{-\frac{i\varphi}{2}})} =$$

$$e^{i\frac{n\varphi}{2} - \frac{i\varphi}{2}} \times \frac{\cos\frac{n\varphi}{2} + i\sin\frac{n\varphi}{2} - \cos\left(-\frac{n\varphi}{2}\right) - i\sin\left(-\frac{n\varphi}{2}\right)}{\cos\frac{\varphi}{2} + i\sin\frac{\varphi}{2} - \cos\left(-\frac{\varphi}{2}\right) - i\sin\left(-\frac{\varphi}{2}\right)} =$$

$$e^{i\frac{n-1}{2}\varphi} \cdot \frac{\sin\frac{n\varphi}{2}}{\sin\frac{\varphi}{2}}$$

将上式两边同时乘以 $e^{i\theta}$，则本引理得证.

例 10 设 n 是一个正整数而 $\left\{\dfrac{\varphi}{2\pi}\right\} \neq 0$，则我们有

$$\sum_{m=0}^{n-1} \cos(\theta + m\varphi) = \frac{\sin\frac{n\varphi}{2}}{\sin\frac{\varphi}{2}} \cdot \cos\left(\theta + \frac{n-1}{2}\varphi\right) \tag{37}$$

$$\sum_{m=0}^{n-1} \sin(\theta + m\varphi) = \frac{\sin\frac{n\varphi}{2}}{\sin\frac{\varphi}{2}} \cdot \sin\left(\theta + \frac{n-1}{2}\varphi\right) \tag{38}$$

证 由引理 4 我们有

$$\sum_{m=0}^{n-1} \cos(\theta + m\varphi) + i\sum_{m=0}^{n-1} \sin(\theta + m\varphi) =$$

$$\frac{\sin\frac{n\varphi}{2}}{\sin\frac{\varphi}{2}} \cdot \cos\left(\theta + \frac{n-1}{2}\varphi\right) + i\frac{\sin\frac{n\varphi}{2}}{\sin\frac{\varphi}{2}} \cdot \sin\left(\theta + \frac{n-1}{2}\varphi\right)$$

即

$$\sum_{m=0}^{n-1} \cos(\theta + m\varphi) - \frac{\sin\frac{n\varphi}{2}}{\sin\frac{\varphi}{2}} \cdot \cos\left(\theta + \frac{n-1}{2}\varphi\right) +$$

$$i\left(\sum_{m=0}^{n-1} \sin(\theta + m\varphi) - \frac{\sin\frac{n\varphi}{2}}{\sin\frac{\varphi}{2}} \times \sin\left(\theta + \frac{n-1}{2}\varphi\right)\right) = 0$$

故例 10 得证.

在例 10 中取 $\varphi = \theta$，则当 $\left\{\dfrac{\theta}{2\pi}\right\} \neq 0$ 时我们有

$$\sum_{m=1}^{n} \cos m\theta = \frac{\sin\frac{n\theta}{2}}{\sin\frac{\theta}{2}} \cdot \cos\frac{(n+1)\theta}{2} \tag{39}$$

$$\sum_{m=1}^{n} \sin m\theta = \frac{\sin \frac{n\theta}{2}}{\sin \frac{\theta}{2}} \cdot \sin \frac{(n+1)\theta}{2} \tag{40}$$

在例 10 中取 $\varphi = 2\theta$,则当 $\left\{\dfrac{\theta}{x}\right\} \neq 0$ 时我们有

$$\sum_{m=1}^{n} \cos(2m-1)\theta = \frac{\sin n\theta}{\sin \theta} \cdot \cos n\theta \tag{41}$$

$$\sum_{m=1}^{n} \sin(2m-1)\theta = \frac{\sin^2 n\theta}{\sin \theta} \tag{42}$$

8.4 三角和的概念

设 m 是一个 ≥ 2 的整数而 r 是一个 $0 \leq r \leq m-1$ 的整数. 由式(24)我们有

$$e^{2\pi i \frac{r}{m}} = \cos \frac{2\pi r}{m} + i\sin \frac{2\pi r}{m}$$

由引理 2,式(27)和(25)我们有

$$(e^{2\pi i \frac{r}{m}})^m = e^{2\pi i r} = 1$$

故满足方程式 $z^m = 1$ 的复数 z 有 m 个,即

$$e^{2\pi i \frac{r}{m}}$$

其中 $r = 0, 1, \cdots, m-1$. 设 a, b 都是整数且满足同余式 $a \equiv b \pmod{m}$,故有 $a = b + mt$,其中 t 是一个整数. 由引理 1 和式(27)我们有

$$e^{2\pi i \frac{a}{m}} = e^{2\pi i t + 2\pi i \frac{b}{m}} = e^{2\pi i t} \cdot e^{2\pi i \frac{b}{m}} = e^{2\pi i \frac{b}{m}} \tag{43}$$

设 a, b, c 都是整数且满足同余式 $a + b \equiv c \pmod{m}$,则有 $c = a + b + mt$,其中 t 是一个整数. 由引理 1 和式(27)我们有

$$e^{2\pi i \frac{c}{m}} = e^{2\pi i t + 2\pi i \frac{a+b}{m}} e^{2\pi i \frac{a+b}{m}} = e^{2\pi i \frac{a}{m}} \cdot e^{2\pi i \frac{b}{m}} \tag{44}$$

在计算三角和时,常使用式(43)和(44). 所谓三角和就是形如 $\sum_x e^{2\pi i f(x)}$ 的和,其中 $f(x)$ 是实函数,而 x 通过预先指定的某些整数. 本节只打算讨论几种简单三角和的基本性质.

引理 5 设 n 是一个正整数而 a 是一个整数,则我们有

$$\sum_{m=0}^{n-1} e^{2\pi i \frac{am}{n}} = \begin{cases} n, & \text{当 } n \mid a \\ 0, & \text{当 } n \nmid a \end{cases}$$

因而当 $n \mid a$ 时我们有

$$\sum_{m=0}^{n-1} \cos\frac{2\pi am}{n} = n, \sum_{m=0}^{n-1} \sin\frac{2\pi am}{n} = 0$$

当 $n \nmid a$ 时则有

$$\sum_{m=0}^{n-1} \cos\frac{2\pi am}{n} = \sum_{m=0}^{n-1} \sin\frac{2\pi am}{n} = 0$$

证 当 $n \mid a$ 时,由式(27)和(25)有 $e^{2\pi i \frac{am}{n}} = 1$,因而

$$\sum_{m=0}^{n-1} e^{2\pi i \frac{am}{n}} = n$$

当 $n \nmid a$ 时,则由式(27)知道 $e^{2\pi i \frac{a}{n}} \neq 1$,所以由引理2和引理3我们有

$$\sum_{m=0}^{n-1} e^{2\pi i \frac{am}{n}} = \sum_{m=0}^{n-1} (e^{2\pi i \frac{a}{n}})^m = \frac{1 - (e^{2\pi i \frac{a}{n}})^n}{1 - e^{2\pi i \frac{a}{n}}} =$$

$$\frac{1 - e^{2\pi i a}}{1 - e^{2\pi i \frac{a}{n}}} = 0$$

引理6 设 α 是任一个实数而 n 是一个正整数,则我们有

$$\left| \sum_{m=1}^{n} e^{2\pi i \alpha m} \right| \leq \min\left(n, \frac{1}{|\sin \pi\alpha|}\right)$$

其中 $\min\left(n, \frac{1}{|\sin \pi\alpha|}\right)$ 表示 n 和 $\frac{1}{|\sin \pi\alpha|}$ 两个数中较小的那一个.

证 假设 α 不是整数,则 $e^{2\pi i \alpha} \neq 1$,这时由引理2和引理3我们有

$$\sum_{m=1}^{n} e^{2\pi i \alpha m} = e^{2\pi i \alpha} \sum_{m=0}^{n-1} e^{2\pi i \alpha m} = e^{2\pi i \alpha} \sum_{m=0}^{n-1} (e^{2\pi i \alpha})^m =$$

$$\frac{e^{2\pi i \alpha}(1 - e^{2\pi i n\alpha})}{1 - e^{2\pi i \alpha}} \tag{45}$$

由式(28)我们有

$$|e^{2\pi i \alpha}| = 1$$

由例4和式(28)我们有

$$|1 - e^{2\pi i n\alpha}| \leq 1 + |e^{2\pi i n\alpha}| = 1 + 1 = 2$$

又由例3和式(28)我们有

$$|1 - e^{2\pi i \alpha}| = |e^{\pi\alpha i}(e^{-\pi\alpha i} - e^{\pi\alpha i})| = |e^{-\pi\alpha i} - e^{\pi\alpha i}| =$$

$$|\cos(-\pi\alpha) + i\sin(-x\alpha) - \cos\pi\alpha - i\sin\pi\alpha| =$$

$$2|\sin\pi\alpha|$$

故由例3和式(45)我们有

$$\left|\sum_{m=1}^{n} e^{2\pi i \alpha m}\right| \leq \frac{|e^{2\pi i \alpha}||1 - e^{2\pi i \alpha n}|}{|1 - e^{2\pi i \alpha}|} \leq \frac{1}{|\sin\pi\alpha|} \tag{46}$$

由例4和式(28)我们有

$$\Big|\sum_{m=1}^{n}\mathrm{e}^{2\pi\mathrm{i}\alpha m}\Big|\leqslant\sum_{m=1}^{n}|\mathrm{e}^{2\pi\mathrm{i}\alpha m}|=n \tag{47}$$

由式(46)和(47)知道当 α 不是整数时,引理6成立;当 α 是一个整数时,则由于 $\sin\pi\alpha=0$,故引理6也成立.

引理7 设 n 是一个 $\geqslant 2$ 的整数,则我们有

$$\sum_{k=1}^{n-1}k\mathrm{e}^{2\pi\mathrm{i}\frac{k}{n}}=\frac{n}{\mathrm{e}^{2\pi\mathrm{i}\frac{1}{n}}-1}$$

证 当 $n=2$ 时,则由式(26)知道本引理成立.现在设 $n\geqslant 3$,我们有

$$\Big(\sum_{k=1}^{n-1}k\mathrm{e}^{2\pi\mathrm{i}\frac{k}{n}}\Big)(\mathrm{e}^{2\pi\mathrm{i}\frac{1}{n}}-1)=\sum_{k=1}^{n-1}k\mathrm{e}^{2\pi\mathrm{i}\frac{k+1}{n}}-\sum_{k=1}^{n-1}k\mathrm{e}^{2\pi\mathrm{i}\frac{k}{n}}=$$
$$(n-1)\mathrm{e}^{2\pi\mathrm{i}\frac{n}{n}}+\sum_{k=2}^{n-1}(k-1)\mathrm{e}^{2\pi\mathrm{i}\frac{k}{n}}-\sum_{k=1}^{n-1}k\mathrm{e}^{2\pi\mathrm{i}\frac{k}{n}}=$$
$$n-1-\sum_{k=1}^{n-1}\mathrm{e}^{2\pi\mathrm{i}\frac{k}{n}}=n-\sum_{k=0}^{n-1}\mathrm{e}^{2\pi\mathrm{i}\frac{k}{n}} \tag{48}$$

由引理5我们有

$$\sum_{k=0}^{n-1}\mathrm{e}^{2\pi\mathrm{i}\frac{k}{n}}=0$$

故由

$$\mathrm{e}^{2\pi\mathrm{i}\frac{1}{n}}-1\neq 0$$

和式(48)知道引理7成立.

引理8 设 n 是一个 >2 的整数,则我们有

$$\sum_{m=1}^{n-1}m\cos\frac{2\pi m}{n}=-\frac{n}{2}$$

$$\sum_{m=1}^{n-1}m\sin\frac{2\pi m}{n}=-\frac{n\Big(1+\cos\dfrac{2\pi}{n}\Big)}{2\sin\dfrac{2\pi}{n}}$$

证 我们有

$$\frac{1}{\mathrm{e}^{2\pi\mathrm{i}\frac{1}{n}}-1}=\frac{\mathrm{e}^{-2\pi\mathrm{i}\frac{1}{n}}+1}{(\mathrm{e}^{2\pi\mathrm{i}\frac{1}{n}}-1)(\mathrm{e}^{-2\pi\mathrm{i}\frac{1}{n}}+1)}=$$
$$\frac{1+\cos\Big(-\dfrac{2\pi}{n}\Big)+\mathrm{i}\sin\Big(-\dfrac{2\pi}{n}\Big)}{\mathrm{e}^{2\pi\mathrm{i}\frac{1}{n}}-\mathrm{e}^{-2\pi\mathrm{i}\frac{1}{m}}}=$$
$$\frac{1+\cos\dfrac{2\pi}{n}-\mathrm{i}\sin\dfrac{2\pi}{n}}{2\mathrm{i}\sin\dfrac{2\pi}{n}}=$$

$$-\frac{1}{2} - \frac{1+\cos\frac{2\pi}{n}}{2\sin\frac{2\pi}{n}}i$$

由引理 7 我们有

$$\sum_{m=1}^{n-1} m e^{2\pi i \frac{m}{n}} = \frac{n}{e^{2\pi i \frac{1}{n}} - 1} =$$

$$\sum_{m=1}^{n-1} m\cos\frac{2\pi m}{n} + i\sum_{m=1}^{n-1} m\sin\frac{2\pi m}{n} - n\left(-\frac{1}{2} - \left(\frac{1+\cos\frac{2\pi}{n}}{2\sin\frac{2\pi}{n}}\right)i\right) =$$

$$\sum_{m=1}^{n-1} m\cos\frac{2\pi m}{n} + \frac{n}{2} + \left(\sum_{m=1}^{n-1} m\sin\frac{2\pi m}{n} + \frac{\left(1+\cos\frac{2\pi}{n}\right)n}{2\sin\frac{2\pi}{n}}\right)i = 0$$

故引理 8 得证.

引理 9 设 n 和 m 是两个正整数且 $(n,m) = 1$,这时我们把三角和 $S(n,m) = \sum_{x=0}^{m-1} e^{2\pi i \frac{nx^2}{m}}$ 叫作高斯(Gauss)和. 设 $(n,m) = 1$,当 m 是奇数时,有

$$|S(n,m)| = \sqrt{m} \tag{49}$$

设 $(n,m) = 1$,当 $m = 4k$ 时(其中 k 是一个正整数),我们有

$$|S(n,m)| = \sqrt{2m} \tag{50}$$

设 $(n,m) = 1$,当 $m = 4k + 2$ 时(其中 k 是一个非负整数),我们有

$$S(n,m) = 0 \tag{51}$$

故当 $(n,m) = 1, 2 \mid m$,但 $4 \nmid m$ 时,我们有

$$\sum_{x=0}^{m-1} \cos\frac{2\pi nx^2}{m} = \sum_{x=0}^{m-1} \sin\frac{2\pi nx^2}{m} = 0 \tag{52}$$

证 由式(24),(15) 和(16) 我们有

$$|S(n,m)|^2 = \left(\sum_{x=0}^{m-1}\cos\frac{2\pi nx^2}{m}\right)^2 + \left(\sum_{x=0}^{m-1}\sin\frac{2\pi nx^2}{m}\right)^2 =$$

$$\left(\sum_{x=0}^{m-1}\cos\frac{2\pi nx^2}{m} + i\sum_{x=0}^{m-1}\sin\frac{2\pi nx^2}{m}\right)\left(\sum_{x=0}^{m-1}\cos\frac{2\pi nx^2}{m} - i\sum_{x=0}^{m-1}\sin\frac{2\pi nx^2}{m}\right) =$$

$$\left\{\sum_{n=0}^{m-1}\left(\cos\frac{2\pi nx^2}{m} + i\sin\frac{2\pi nx^2}{m}\right)\right\} \times$$

$$\left\{\sum_{n=0}^{m-1}\left(\cos\frac{-2\pi nx^2}{m} + i\sin\frac{-2\pi nx^2}{m}\right)\right\} =$$

$$\sum_{x=0}^{m-1} e^{2\pi i \frac{nx^2}{m}} \sum_{y=0}^{m-1} e^{-2\pi i \frac{ny^2}{m}} =$$
$$\sum_{y=0}^{m-1} e^{-2\pi i \frac{ny^2}{m}} \left(\sum_{x=0}^{y-1} e^{2\pi i \frac{nx^2}{m}} + \sum_{x=y}^{m-1} e^{2\pi i \frac{nx^2}{m}} \right) \tag{53}$$

由式(27) 我们有
$$\sum_{k=m}^{m+y-1} e^{2\pi i \frac{\pi x^2}{m}} = \sum_{t=0}^{y-1} e^{2\pi i \frac{n(m+t)^2}{m}} =$$
$$\sum_{t=0}^{y-1} e^{2\pi i n(m+2t)} \cdot e^{2\pi i \frac{nt^2}{m}} = \sum_{t=0}^{y-1} e^{2\pi i \frac{nt^2}{m}} \tag{54}$$

由式(53),(54) 和引理 1 我们有
$$|S(n,m)|^2 = \sum_{y=0}^{m-1} e^{-2\pi i \frac{ny^2}{m}} \left(\sum_{x=m}^{m+y-1} e^{2\pi i \frac{nx^2}{m}} + \sum_{x=y}^{m-1} e^{2\pi i \frac{\pi x^2}{m}} \right) =$$
$$\sum_{y=0}^{m-1} e^{-2\pi i \frac{ny^2}{m}} \sum_{x=y}^{2m+y-1} e^{2\pi i \frac{nx^2}{m}} =$$
$$\sum_{y=0}^{m-1} e^{-2\pi i \frac{ny^2}{m}} \sum_{t=0}^{m-1} e^{2\pi i \frac{n(y+t)^2}{m}} =$$
$$\sum_{y=0}^{m-1} \sum_{t=0}^{m-1} e^{2\pi i \frac{n((y+t)^2 - y^2)}{m}} = \sum_{y=0}^{m-1} \sum_{t=0}^{m-1} e^{2\pi i \frac{n(2yt+t^2)}{m}} =$$
$$\sum_{x=0}^{m-1} e^{2\pi i \frac{nx^2}{m}} \sum_{y=0}^{m-1} e^{2\pi i \frac{2nxy}{m}} \tag{55}$$

由引理 5 我们有
$$\sum_{y=0}^{m-1} e^{2\pi i \frac{2\pi xy}{m}} = \begin{cases} m, & \text{当 } m \mid 2nx \text{ 时} \\ 0, & \text{当 } m \nmid 2nx \text{ 时} \end{cases} \tag{56}$$

当 x 是任一个不大于 $m-1$ 的正整数时,则有 $m \nmid x$. 当 $(n,m)=1$ 而 m 是奇数时,则 $m \nmid 2n$. 故当 m 是一个奇数,$(n,m)=1$ 而 x 是任一个不大于 $m-1$ 的正整数时,则有 $m \nmid 2nx$. 当 $(n,m)=1$ 而 m 是一个奇数时,则由式(55) 和(56) 我们有

$$|S(n,m)|^2 = m e^{2\pi i \frac{0}{m}} + \sum_{x=1}^{m-1} e^{2\pi i \frac{nx^2}{m}} \sum_{y=0}^{m-1} e^{2\pi i \frac{2\pi xy}{m}} = m \tag{57}$$

故当 $(n,m)=1$ 而 m 是奇数时,式(49) 成立. 设 m 是一个偶数. 当 x 是任一个不大于 $m-1$ 又不等于 $\frac{m}{2}$ 的正整数时,有 $\frac{m}{2} \nmid x$ 即 $m \nmid 2x$. 故当 m 是一个偶数,$(n,m)=1$ 而 x 是任一个不大于 $m-1$ 又不等于 $\frac{m}{2}$ 的正整数时,则有 $m \nmid 2nx$. 故当 $(n,m)=1$ 而 m 是一个偶数时,由式(55) 和(56) 我们有

$$|S(n,m)|^2 = m e^{2\pi i \frac{0}{m}} + e^{2\pi i \frac{n(\frac{m}{2})^2}{m}} \sum_{y=0}^{m-1} e^{2\pi i \frac{\pi my}{m}} +$$

$$\sum_{x=1}^{\frac{m}{2}-1} e^{2\pi i \frac{nx^2}{m}} \sum_{y=0}^{m-1} e^{2\pi i \frac{2\pi xy}{m}} + \sum_{x=\frac{m}{2}+1}^{m-1} e^{2\pi i \frac{nx^2}{m}} \sum_{y=0}^{m-1} e^{2\pi i \frac{2nxy}{m}} =$$
$$m(1 + e^{\frac{\pi mn i}{2}}) \tag{58}$$

当 $(n,m) = 1$ 而 $m = 4k$ 时(其中 k 是一个正整数),则由式(25),(27)和(58)我们有

$$|S(n,m)|^2 = m(1 + e^{2kn\pi i}) = 2m$$

故式(50)得证. 当 $(n,m) = 1$ 而 $m = 4k + 2$ 时(其中 k 是一个非负整数),则由 $(n,m) = 1$ 知道 n 是一个奇数. 设 $n = 2l + 1$(其中 l 是一个非负整数),则我们有

$$mn = (4k + 2)(2l + 1) = 4(4kl + k + l) + 2$$

故由式(58),(27),(25)和(26)我们有

$$|S(n,m)|^2 = m(1 + e^{2\pi i \cdot (2kl+k+l) + \pi i}) = m(1 + e^{\pi i}) = 0$$

因而式(51)得证. 由式(51)知道式(52)成立,故本引理得证.

当 $k \geq 3$ 时我们用 $f(x)$ 来表示一个整数系数的多项式,即

$$f(x) = a_k x^k + a_{k-1} x^{k-1} + a_{k-2} x^{k-2} + \cdots + a_0$$

其中 $a_i (i = 0,1,2,\cdots,k)$ 都是整数. 设 q 是一个 > 1 的整数,则当 $(a_1,\cdots,a_k,q) = 1$ 时,我们令

$$S(q,f(x)) = \sum_{x=1}^{q} e^{\frac{2\pi i f(x)}{q}}$$

引理 10 设 k 是一个 ≥ 3 的整数而 l 是一个 $1 < l \leq k$ 的整数, a_k 是一个正整数, p 是一个素数,则当 $(p, k a_k) = 1$ 时我们有

$$\sum_{x=0}^{p^{l}-1} e^{2\pi i \cdot \frac{a_k x^k}{p^l}} = p^{l-1} \tag{59}$$

即

$$\sum_{x=0}^{p^{l}-1} \cos \frac{2\pi a_k x^k}{p^l} = p^{l-1}, \quad \sum_{x=0}^{p^{l}-1} \sin \frac{2\pi a_k x^k}{p^l} = 0 \tag{60}$$

证 设 $x = p^{l-1} u + v$. 当 u 经过 $0,1,\cdots,p-1, v$ 而经过 $0,1,\cdots,p^{l-1} - 1$ 时, x 恰好经过 $0,1,2,\cdots,p^l - 1$. 由于 $l \geq 2, l + l - 2 \geq 2 + l - 2 = l$ 而得到

$$p^{2(l-1)} \equiv 0 \pmod{p^l} \tag{61}$$

现在我们来证明对于任何一个正整数 n

$$(p^{l-1} u + v)^n \equiv n p^{l-1} u v^{n-1} + v^n \pmod{p^l} \tag{62}$$

都成立. 显见当 $n = 1$ 时式(62)成立. 现在设 $m \geq 2$ 而当 $n = m - 1$ 时式(62)能够成立,由于

$$(p^{l-1} u + v)^{m-1} \equiv (m - 1) p^{l-1} u v^{m-2} + v^{m-1} \pmod{p^l}$$

我们有

$$(p^{l-1}u+v)^m \equiv (p^{l-1}u+v)((m-1)p^{l-1}uv^{m-2}+v^{m-1})(\bmod p^l) \quad (63)$$

我们又有

$$(p^{l-1}u+v)((m-1)p^{l-1}uv^{m-2}+v^{m-1}) = (m-1)u^2v^{m-2}p^{2(l-1)} + m(p^{l-1}u)v^{m-1} + v^m \quad (64)$$

由式(63),(64)和(61)我们知道当 $n=m$ 时式(62)也能够成立,而由数学归纳法知道式(62)成立. 由式(62)我们有

$$(p^{l-1}u+v)^k \equiv kp^{l-1}uv^{k-1} + v^k + m_1 p^l \quad (65)$$

其中 m_1 是一个整数. 由式(25),(27),(65)和引理 1 我们有

$$\sum_{x=0}^{p^l-1} e^{2\pi i \frac{a_k x^k}{p^l}} = \sum_{u=0}^{p-1}\sum_{v=0}^{p^{l-1}-1} e^{2\pi i \frac{\alpha_k(p^{l-1}u+v)^k}{p^l}} =$$

$$\sum_{u=0}^{p-1}\sum_{v=0}^{p^{l-1}-1} e^{2\pi i \frac{a_k(kp^{l-1}uv^{k-1}+v^k)}{p^l}} =$$

$$\sum_{u=0}^{p-1}\sum_{v=0}^{p^{l-1}-1} e^{2\pi i \frac{k a_k uv^{k-1}}{p}} \cdot e^{2\pi i \frac{a_k v^k}{p^l}} =$$

$$\sum_{v=0}^{p^{l-2}-1} e^{2\pi i \frac{\alpha_k v^k}{p^l}} \sum_{u=0}^{p-1} e^{2\pi i \frac{k\alpha_k uv^{k-1}}{p}} \quad (66)$$

由于 $k \geq 3$, $(p, a_k) = 1$ 和引理 5 我们有

$$\sum_{u=0}^{p-1} e^{2\pi i \frac{k\alpha_k uv^{k-1}}{p}} = \begin{cases} p, & \text{当 } p \mid v \text{ 时} \\ 0, & \text{当 } p \nmid v \text{ 时} \end{cases} \quad (67)$$

由于 $1 < l \leq k$,故当 $p \mid v$ 时有 $e^{2\pi i \frac{\alpha_k v^k}{p^l}} = 1$. 由式(67)知道当 $p \mid v$ 时,我们有

$$e^{2\pi i \frac{\alpha_k v^k}{p^l}} \sum_{u=0}^{p-1} e^{2\pi i \frac{k\alpha_k uv^{k-1}}{p}} = p \quad (68)$$

由式(67)知道当 $p \nmid v$ 时,我们有

$$e^{2\pi i \frac{\alpha_k v^k}{p^l}} \sum_{m=0}^{p-1} e^{2\pi i \frac{k\alpha_k uv^{k-1}}{p}} = 0 \quad (69)$$

在 $0,1,\cdots,p^{l-1}-1$ 中是 p 的倍数的数是

$$0, p, 2p, \cdots, (p^{l-2}-1)p$$

共计有 p^{l-2} 个,故由式(66),(68)和(69)知道式(59)成立. 由式(59)知道式(60)成立,故本引理得证.

引理 11 设 k 是一个 ≥ 3 的整数而 l 是一个 $> k$ 的整数,a_k 是一个正整数,p 是一个素数,则当 $(p, a_k k) = 1$ 时,我们有

$$\sum_{x=0}^{p^l-1} e^{2\pi i \frac{\alpha_k x^k}{p^l}} = p^{k-1} \sum_{y=0}^{p^{l-k}-1} e^{2\pi i \frac{\alpha_k y^k}{p^{l-k}}}$$

证 在 $0,1,2,\cdots,p^{l-1}-1$ 中是 p 的倍数的数有

$$0, p, 2p, \cdots, (p^{l-2}-1)p \quad (70)$$

由于 $l > k \geq 3$,式(66),(67) 和(70) 我们有

$$\sum_{x=0}^{p^l-1} e^{2\pi i \frac{\alpha_k x^k}{p^l}} = p \sum_{y=0}^{p^{l-2}-1} e^{2\pi i \frac{\alpha_k(py)^k}{p^l}} = p \sum_{y=0}^{p^{l-2}-1} e^{2\pi i \frac{\alpha_k y^k}{p^{l-k}}} =$$

$$p \sum_{m=0}^{p^{k-2}-1} \sum_{n=0}^{p^{l-k-1}} e^{2\pi i \frac{\alpha_k(mp^{l-k}+n)^k}{p^{l-k}}} =$$

$$p \sum_{m=0}^{p^{k-2}-1} \sum_{n=0}^{p^{l-k-1}} e^{2\pi i \frac{\alpha_k n^k}{p^{l-k}}} = p^{k-1} \sum_{n=0}^{p^{l-k}-1} e^{2\pi i \frac{a_k n^k}{p^{l-k}}}$$

故本引理得证.

引理 12 设 k 是一个 ≥ 3 的整数,$l = km + r$,其中 m, r 都是非负整数且 $1 < r \leq k$. 又设 a_k 是一个正整数,p 是一个素数,则当 $(p, ka_k) = 1$ 时我们有

$$\sum_{x=0}^{p^l-1} e^{2\pi i \frac{\alpha_k x^k}{p^l}} = p^{l-m-1} \tag{71}$$

即

$$\sum_{x=0}^{p^l-1} \cos \frac{2\pi a_k x^k}{p^l} = p^{l-m-1}, \quad \sum_{k=0}^{p^l-1} \sin \frac{2\pi a_k x^k}{p^l} = 0 \tag{72}$$

证 当 $m = 0$ 时由引理 10 知道本引理成立. 现在设 $n \geq 1$,而当 $m = n - 1$ 时式(71) 成立,即设

$$\sum_{x=0}^{p^{k(n-1)+r}-1} e^{2\pi i \frac{\alpha_k x^k}{p^{k(n-1)+r}}} = p^{k(n-1)+r-n} \tag{73}$$

成立. 由于 $n \geq 1, 1 < r \leq k$,引理 11 和式(73) 我们有

$$\sum_{x=0}^{p^{kn+r}-1} e^{2\pi i \frac{\alpha_k x^k}{p^{kn+r}}} = p^{k-1} \sum_{y=0}^{p^{kn+r-k}-1} e^{2\pi i \frac{\alpha_k y^k}{p^{k(n-1)+r}}} =$$

$$p^{k-1+k(n-1)+r-n} = p^{kn+r-n-1}$$

故式(71) 当 $m = n$ 时也成立,而由数学归纳法知道式(71) 成立,由式(71) 知道式(72) 成立,故本引理得证.

设 p 是一个素数而 $f(x)$ 是一个 k 次整数系数的多项式. 估计三角和 $\sum_{x=1}^{p} e^{2\pi i \frac{f(x)}{p}}$ 的既很精确又很一般的方法首先是由我的老师华罗庚教授得到的. 下面的式(74) 是 A. Weil 所证明的. 式(75) 见华罗庚的《数论导引》.

定理 1 设 k 是一个 ≥ 3 的整数,令

$$f(x) = a_k x^k + a_{k-1} x^{k-1} + \cdots + a_1 x + a_0$$

其中 $a_i (i = 0, 1, 2, \cdots, k)$ 都是整数,当 p 是一个素数而 $(a_k, a_{k-1}, \cdots, a_1, p) = 1$ 时,我们有

$$\left| \sum_{x=1}^{p} e^{2\pi i \frac{f(x)}{p}} \right| \leq (k-1) p^{\frac{1}{2}} \tag{74}$$

当 $p \nmid a$ 时,我们有

$$\left|\sum_{x=1}^{p} e^{2\pi i \frac{\alpha x^k}{p}}\right| \leqslant (\delta - 1) p^{\frac{1}{2}} \tag{75}$$

这里 $\delta = (k, p-1)$.

由于这个定理的证明需要很高深的数学理论和较长的计算,所以在这里不给以数学证明.

引理 13 设 k 是一个 $\geqslant 3$ 的整数,$l = km + 1$,其中 m 是一个非负整数. 又设 a 是一个正整数,p 是一个素数,则当 $(p, ka) = (p-1, k) = 1$ 时,我们有

$$\sum_{x=0}^{p^l - 1} e^{2\pi i \frac{\alpha x^k}{p^l}} = 0 \tag{76}$$

即

$$\sum_{x=0}^{p^l - 1} \cos \frac{2\pi a x^k}{p^l} = \sum_{x=0}^{p^l - 1} \sin \frac{2\pi a x^k}{p^l} = 0 \tag{77}$$

证 当 $m = 0$ 时(即 $l = 1$ 时),由定理 1 知道式(76)成立. 现在设 $n \geqslant 1$,而当 $m = n - 1$ 时(即 $l = k(n-1) + 1$ 时),式(76)成立,即设

$$\sum_{x=0}^{p^{k(n-1)+1} - 1} e^{2\pi i \frac{\alpha x^k}{p^{k(n-1)+1}}} = 0 \tag{78}$$

成立. 由于 $n \geqslant 1$,引理 11 和式(78)我们有

$$\sum_{x=0}^{p^{kn+1} - 1} e^{2\pi i \frac{\alpha x^k}{p^{ka+1}}} = p^{k-1} \sum_{x=0}^{p^{k(n-1)+1} - 1} e^{2\pi i \frac{\alpha x^k}{p^{k(n-1)+1}}} = 0$$

故式(76)当 $m = n$ 时(即 $l = ka + 1$ 时)也成立,而由数学归纳法知道式(76)成立,由(76)知道式(77)成立,故本引理得证.

设 p 是一个素数,l, q 是正整数而 $f(x)$ 是一个 k 次多项式,估计三角和 $\sum_{x=1}^{p^l} e^{2\pi i \frac{f(x)}{p^l}}$ 和 $\sum_{x=1}^{q} e^{2\pi i \frac{f(x)}{q}}$ 的既非常精确又非常一般的方法首先是由我的老师华罗庚教授得到的. 在华罗庚教授指导之下,我们证明了下面两个定理.

定理 2 设 k 是一个 $\geqslant 3$ 的整数而 l 是一个正整数. 令

$$f(x) = a_k x^k + a_{k-1} x^{k-1} + \cdots + a_1 x + a_0$$

其中 $a_i(i = 0, 1, 2, \cdots, k)$ 都是整数. 当 p 是一个素数而 $(a_k, a_{k-1}, \cdots, a_1, p) = 1$ 时,我们有

$$\left|\sum_{x=1}^{p^l} e^{2\pi i \frac{f(x)}{p^l}}\right| \leqslant C_1(k) p^{l(1 - \frac{1}{k})}$$

其中

$$C_1(k) = \begin{cases} 1, & \text{当 } p \geq (k-1)^{\frac{2k}{k-2}} \text{ 时} \\ k^{2/k}, & \text{当}(k-1)^{\frac{2k}{k-2}} > p \geq (k-1)^{\frac{k}{k-2}} \text{ 时} \\ k^{3/k}, & \text{当}(k-1)^{\frac{k}{k-2}} > p > k \text{ 时} \\ (k-1)k^{3/k}, & \text{当 } p \leq k \text{ 时} \end{cases}$$

定理 3 设 k 是一个 ≥ 3 的整数而 q 是一个正整数,令
$$f(x) = a_k x^k + a_{k-1} x^{k-1} + \cdots + a_1 x + a_0$$
其中 $a_i(i=0,1,2,\cdots,k)$ 都是整数,当 $(a_k, a_{k-1}, \cdots, a_1, q) = 1$ 时,我们有
$$\left| \sum_{x=1}^{q} e^{2\pi i \frac{f(x)}{q}} \right| \leq C_3(k) q^{1-\frac{1}{k}}$$
其中
$$C_2(k) = \begin{cases} e^{4k}, & \text{当 } k \geq 10 \text{ 时} \\ e^{C_3(k)k}, & \text{当 } 3 \leq k \leq 9 \text{ 时} \end{cases}$$
又 $C_3(3) = 6.1, C_3(4) = 5.5, C_3(5) = 5, C_3(6) = 4.7, C_3(7) = 4.4, C_3(8) = 4.2, C_3(9) = 4.05$.

由于这二个定理的证明需要很高深的数学理论和较长的计算,所以在这里不给以数学证明.

在解析数论中的不少著名问题(例如华林(Waring)问题)都需要 $\sum_{x=1}^{q} e^{2\pi i \frac{f(x)}{q}}$ 的精确估计值,设 $F(x)$ 是 x 的实函数,形如
$$\sum_{p \leq N} e^{2\pi i F(p)}$$
的精确估计值(这里和式中的 p 系经过所有不超过 N 的素数)在解析数论中起着非常重要的作用. 华罗庚教授在这方面有卓越的贡献和许多优秀成果. 在解析数论的研究中需要大量三角和和 $L(s,\chi)$ 的估计,在这方面我国有光荣的历史,华罗庚教授、闵嗣鹤教授、柯召教授、赵民义、王元、潘承洞、尹文霖、丁夏畦、吴方、潘承彪和陈景润等同志都在这方面做过不少工作.

习　　题

1. 求适合下列方程的 x 和 y:
(1) $-4x + 8yi + 7 = 2x - 3yi + 7i$.
(2) $x + yi = \sqrt{a + bi}$.
2. 设 z_1 和 z_2 是任意两个复数,证明:

$$|z_1 - z_2| \geq ||z_1| - |z_2||$$

3. 求 27 的立方根.

4. 证明下列三角恒等式：

(1) $\sin 3\alpha = 3\sin\alpha - 4\sin^3\alpha$,
$\cos 3\alpha = 4\cos^3\alpha - 3\cos\alpha$;

(2) $\sin 4\alpha = 4\sin\alpha\cos^3\alpha - 4\sin^3\alpha\cos\alpha$,
$\cos 4\alpha = \cos^4\alpha - 6\sin^2\alpha\cos^2\alpha + \sin^4\alpha$;

(3) $\cos^4\alpha = \dfrac{1}{8}(\cos 4\alpha + 4\cos 2\alpha + 3)$;

(4) $\sin^3\alpha = -\dfrac{1}{4}(\sin 3\alpha - 3\sin\alpha)$.

5. 证明

(1) $\displaystyle\sum_{k=1}^{n}\sin^2 k\alpha = \dfrac{1}{4\sin\alpha}[(2n+1)\sin\alpha - \sin(2n+1)\alpha]$;

(2) $\displaystyle\sum_{k=1}^{n}\cos^3 k\alpha = \dfrac{1}{4}\left[\dfrac{3\sin\dfrac{n\alpha}{2}}{\sin\dfrac{\alpha}{2}}\cos\dfrac{(n+1)\alpha}{2} + \dfrac{\sin\dfrac{3n\alpha}{2}}{\sin\dfrac{3\alpha}{2}}\cos\dfrac{3(n+1)\alpha}{2}\right]$

6. 证明：$\dfrac{1+\sin\theta+i\cos\theta}{1+\sin\theta-i\cos\theta} = \sin\theta + i\cos\theta$，并由此推出

$$\left(1+\sin\dfrac{\pi}{5}+i\cos\dfrac{\pi}{5}\right)^5 + i\left(1+\sin\dfrac{\pi}{5}-i\cos\dfrac{\pi}{5}\right)^5 = 0$$

7. 求和：$A_n = 1 + r\cos\theta + r^2\cos 2\theta + \cdots + r^{n-1}\cos(n-1)\theta, B_n = r\sin\theta + r^2\sin 2\theta + \cdots + r^{n-1}\sin(n-1)\theta$.

8. 证明：$\theta \neq m\pi$ 时(m 为整数)

$$\sum_{k=1}^{\infty}\cos^{k-1}\theta\cos k\theta = 0$$

9. 试证：当 $a \neq \dfrac{k}{2}\pi$ 时(k 是整数)

$\cos\alpha + \sin 3\alpha + \cos 5\alpha + \sin 7\alpha + \cdots + \sin(4n-1)\alpha = $
$\dfrac{\sin 2n\alpha}{\sin 2\alpha}(\cos 2n\alpha + \sin 2n\alpha)(\cos\alpha + \sin\alpha)$

10. 证明：

$$\tan n\alpha = \dfrac{\sin\alpha + \sin 3\alpha + \cdots + \sin(2n-1)\alpha}{\cos\alpha + \cos 3\alpha + \cdots + \cos(2n-1)\alpha}$$

11. 设 m 是整数，$m > 0$，ξ 通过与 m 互素的剩余系，证明：

$$\mu(m) = \sum_{\xi} e^{2\pi i\frac{\xi}{m}}$$

这里 $\mu(m)$ 是 Möbius 函数.

12. 设 $m>1,(2A,m)=1,a$ 是任意整数. 证明: $\left|\sum_{x=0}^{m-1}\mathrm{e}^{2\pi\mathrm{i}\frac{Ax^2+ax}{m}}\right|=\sqrt{m}$.

13. 设 $S(n,m)=\sum_{x=0}^{m-1}\mathrm{e}^{2\pi\mathrm{i}\frac{nx}{m}}$, 若 $(m,m')=1$, 则有
$$S(n,mm')=S(nm',m)S(nm,m')$$

14. 设 $C_q(m)=\sum_{h}\mathrm{e}^{2\pi\mathrm{i}\frac{hm}{q}}$, h 通过与模 q 互素的剩余系. 证明:

(1) 若 $(q,q')=1$, 则有
$$C_{qq'}(m)=C_q(m)C_{q'}(m)$$

(2) $C_q(m)=\sum_{d\mid q,d\mid m}\mu\left(\frac{q}{d}\right)d.$

(等式右边表示对 q 和 m 的所有公因数求和.)

习题解答

第 5 章

1. 证:由于 x_1, x_2 分别通过 m_1, m_2 个整数,因此 $m_2 x_1 + m_1 x_2$ 正好通过 $m_1 m_2$ 个整数. 由引理 5,若能证明这 $m_1 m_2$ 个整数对模 $m_1 m_2$ 互不同余,则这 $m_1 m_2$ 个整数是模 $m_1 m_2$ 的一个完全剩余系.

假定
$$m_2 x'_1 + m_1 x'_2 \equiv m_2 x''_1 + m_1 x''_2 \pmod{m_1 m_2}$$
这里 x'_1, x''_1 是 x_1 通过的模 m_1 的完全剩余系中的整数,而 x'_2, x''_2 是 x_2 通过模 m_2 的完全剩余系中的整数,所以
$$(m_2 x'_1 + m_1 x'_2) - (m_2 x''_1 + m_1 x''_2) = m_1 m_2 q, q \text{ 是整数}$$
即
$$m_2(x'_1 - x''_1) = m_1 m_2 q - m_1(x'_2 - x''_2)$$
上式等号右边是 m_1 的倍数,因此 $m_1 \mid m_2(x'_1 - x''_1)$,又已知 $(m_1, m_2) = 1$,所以 $m_1 \mid (x'_1 - x''_1)$,即
$$x'_1 \equiv x''_1 \pmod{m_1}$$
但 x'_1, x''_1 是模 m_1 的一个完全剩余系中的数,由上式及引理 4 可知 $x'_1 = x''_1$. 用同样的方法可以证明 $x'_2 = x''_2$. 这说明 $m_2 x_1 + m_1 x_2$ 所通过的 $m_1 m_2$ 个数对模 $m_1 m_2$ 互不同余.

2. 证: $k = 2$ 的情形已由第 1 题予以证明. 这里假定 $k > 2$. 显然 $M_1 x_1 + M_2 x_2 + \cdots + M_k x_k$ 正好通过 $m_1 m_2 \cdots m_k$ 个整数,由引理 5,只需证明这 $m_1 m_2 \cdots m_k$ 个整数对模 $m_1 m_2 \cdots m_k$ 两两不同余就够了.

假定
$$M_1 x'_1 + M_2 x'_2 + \cdots + M_k x'_k \equiv M_1 x''_1 + M_2 x''_2 + \cdots + M_k x''_k \pmod{m_1 m_2 \cdots m_k}$$
这里 x'_i, x''_i 是 x_i 通过模 m_i 的完全剩余系中的整数,$1 \leqslant i \leqslant k$. 所以
$$M_1(x'_1 - x''_1) \equiv M_2(x''_2 - x'_2) + \cdots + M_k(x''_k - x'_k) \pmod{m_1 m_2 \cdots m_k}$$
由于 $M_2, M_3, \cdots, M_k$ 都能被 m_1 整除,因而上同余式的右边和模都能被 m_1 整除,所以

$$m_1 \mid M_1(x'_1 - x''_1)$$

而 $M_1 = m_2 m_3 \cdots m_k$, 显然 $(M_1, m_1) = 1$, 所以 $m_1 \mid (x'_1 - x''_1)$. 又 x'_1, x''_1 是模 m_1 的一个完全剩余系中的数, 由引理 4 可知 $x'_1 = x''_1$. 同样的方法可得 $x'_2 = x''_2, \cdots, x'_k = x''_k$. 这说明 $M_1 x_1 + M_2 x_2 + \cdots + M_k x_k$ 所通过的 $m_1 m_2 \cdots m_k$ 个整数对模 $m_1 m_2 \cdots m_k$ 两两不同余.

3. 证: 显然 $x_1 + m_1 x_2 + m_1 m_2 x_3 + \cdots + m_1 m_2 \cdots m_{k-1} x_k$ 正好通过 $m_1 m_2 \cdots m_k$ 个整数, 因而只需证明这些整数对模 $m_1 m_2 \cdots m_k$ 两两不同余.

假定
$$x'_1 + m_1 x'_2 + m_1 m_2 x'_3 + \cdots + m_1 m_2 \cdots m_{k-1} x'_k \equiv$$
$$x''_1 + m_1 x''_2 + m_1 m_2 x''_3 + \cdots + m_1 m_2 \cdots m_{k-1} x''_k (\bmod m_1 m_2 \cdots m_k)$$

这里 x'_i, x''_i 是 x_i 通过的模 m_i 的完全剩余系中的整数, $1 \leqslant i \leqslant k$, 因此
$$x'_1 - x''_1 \equiv m_1 q_1 (\bmod m_1 m_2 \cdots m_k) \quad q_1 \text{ 是整数}$$

同余式的右边与模都能被 m_1 整除, 所以 $m_1 \mid (x'_1 - x''_1)$, 即 $x'_1 \equiv x''_1 (\bmod m_1)$. 但 x'_1, x''_1 是模 m_1 的一个完全剩余系中的整数, 所以 $x'_1 = x''_1$.

这样就有同余式
$$m_1 x'_2 + m_1 m_2 x'_3 + \cdots + m_1 m_2 \cdots m_{k-1} x'_k \equiv$$
$$m_1 x''_2 + m_1 m_2 x''_3 + \cdots + m_1 m_2 \cdots m_{k-1} x''_k (\bmod m_1 m_2 \cdots m_k)$$

于是有
$$m_1 (x'_2 - x''_2) \equiv m_1 m_2 q_2 (\bmod m_1 m_2 \cdots m_k), q_2 \text{ 是整数}$$

也就是
$$x'_2 - x''_2 \equiv m_2 q_2 (\bmod m_2 m_3 \cdots m_k)$$

同余式的右边与模都能被 m_2 整除, 所以 $m_2 \mid (x'_2 - x''_2)$, 即 $x'_2 \equiv x''_2 (\bmod m_2)$, 但 x'_2, x''_2 是模 m_2 的一个完全剩余系中的整数, 所以 $x'_2 = x''_2$.

依此类推, 可得 $x'_3 = x''_3, \cdots, x'_{k-1} = x''_{k-1}$, 最后得
$$m_1 m_2 \cdots m_{k-1} x'_k \equiv m_1 m_2 \cdots m_{k-1} x''_k (\bmod m_1 m_2 \cdots m_k)$$

因而
$$x'_k \equiv x''_k (\bmod m_k)$$

由于 x'_k, x''_k 是模 m_k 的一个完全剩余系中的整数, 所以 $x'_k = x''_k$. 因而证明了 $x_1 + m_1 x_2 + m_1 m_2 x_3 + \cdots + m_1 m_2 \cdots m_{k-1} x_k$ 通过模 $m_1 m_2 \cdots m_k$ 的完全剩余系.

4. (1) 证: 若 N 不含有奇素因子, 则由于 $N > 2$, 因此 $N = 2^\alpha, \alpha \geqslant 2$. 由引理 14 得 $\varphi(N) = 2^{\alpha-1}, \alpha \geqslant 2$, 因而 $2 \mid \varphi(N)$.

若 N 含有奇素因子, 设 p 是 N 的一个奇素因子, 由引理 14 可知 $(p - 1) \mid \varphi(N), p - 1$ 是偶数, 所以 $\varphi(N)$ 是偶数.

(2) 证: 若 $a = 1$ 或 $b = 1$, 则等式显然成立, 现设 $a > 1, b > 1$. 由于 $(a, b) = 1$, 所以 a 和 b 没有共同的素因子, 假设 a, b 的标准分解式为

$$a = p_1^{\alpha_1} p_2^{\alpha_2} \cdots p_i^{\alpha_i}$$
$$b = p_{i+1}^{\alpha_{i+1}} p_{i+2}^{\alpha_{i+2}} \cdots p_k^{\alpha_k}$$

这里 $\alpha_j \geq 1, 1 \leq j \leq k$,由引理14分别得到

$$\varphi(a) = a\left(1 - \frac{1}{p_1}\right)\left(1 - \frac{1}{p_2}\right)\cdots\left(1 - \frac{1}{p_j}\right)$$

$$\varphi(b) = b\left(1 - \frac{1}{p_{j+1}}\right)\left(1 - \frac{1}{p_{j+2}}\right)\cdots\left(1 - \frac{1}{p_k}\right)$$

而

$$\varphi(ab) = ab\left(1 - \frac{1}{p_1}\right)\left(1 - \frac{1}{p_2}\right)\cdots\left(1 - \frac{1}{p_k}\right)$$

所以
$$\varphi(ab) = \varphi(a) \cdot \varphi(b)$$

5. 证:若 $N = 2$,则 $\varphi(N) = \varphi(2) = 1$,所以

$$\frac{1}{2}N \cdot \varphi(N) = \frac{1}{2} \cdot 2 \cdot 1 = 1$$

而不大于2且与2互素的数只有一个1,因此 $N = 2$ 的情形得到了证明.

现在假定 $N > 2$,不大于 N 且与 N 互素的正整数共有 $\varphi(N)$ 个,显然它们都小于 N. 第4题知 $\varphi(N)$ 是偶数. 假如 n 是其中的一个数,即 $0 < n < N, (n,N) = 1$,那么必然有 $(N - n, N) = 1$,且 $0 < N - n < N$. 即 $N - n$ 也是这 $\varphi(N)$ 个数中的一个数,而且 $N - n \neq n$. 因此,可以把不大于 N 且与 N 互素的 $\varphi(N)$ 个数分成 $\frac{1}{2}\varphi(N)$ 个组,每组包含两个数,并且它们的和是 N. 所以,所有不大于 N 且与 N 互素的 $\varphi(N)$ 个数的和是 $\frac{1}{2}N \cdot \varphi(N)$.

6. 证:设 $1 < a_2 < \cdots < a_{\varphi(m)}$ 是不大于 m 而和 m 互素的全体正整数. 因 $b_1, b_2, \cdots, b_{\varphi(m)}$ 是模 m 的简化剩余系,$(a,m) = 1$,由引理13可知 $ab_1, ab_2, \cdots, ab_{\varphi(m)}$ 也是模 m 的一个简化剩余系. 而 $ab \equiv r_1 \pmod{m}, 0 \leq r_i < m$,所以 $r_1, r_2, \cdots, r_{\varphi(m)}$ 和 $1, a_2, \cdots, a_{\varphi(m)}$ 只在顺序上可能有不同.

因此
$$r_1 + r_2 + \cdots + r_{\varphi(m)} = 1 + a_2 + \cdots + a_{\varphi(m)}$$

由第5题知
$$1 + a_2 + \cdots + a_{\varphi(m)} = \frac{1}{2}m \cdot \varphi(m)$$

所以
$$\frac{\lambda}{m}(r_1 + r_2 + \cdots + r_{\varphi(m)}) =$$

$$\frac{1}{m}(1 + a_2 + \cdots + a_{\varphi(m)}) = \frac{1}{2}\varphi(m)$$

7. 证：由于 $x_1, x_2, \cdots, x_k$ 分别通过了 $\varphi(m_1), \varphi(m_2), \cdots, \varphi(m_k)$ 个数，所以 $M_1 x_1 + M_2 x_2 + \cdots + M_k x_k$ 通过 $\varphi(m_1)\varphi(m_2)\cdots\varphi(m_k)$ 个数。因 $m_1, m_2, \cdots, m_k$ 两两互素，由第 4 题的 (2) 推广到多个乘因子的情形，有

$$\varphi(m_1)\varphi(m_2)\cdots\varphi(m_k) = \varphi(m_1 m_2 \cdots m_k)$$

因而

$$M_1 x_1 + M_2 x_2 + \cdots + M_k x_k$$

恰好通过 $\varphi(m_1 m_2 \cdots m_k)$ 个数。现在来证明这些数与模 $m_1 m_2 \cdots m_k$ 互素。从 $M_1, M_2, \cdots, M_k$ 的定义可知它们之中除了 M_i 外都是 m_i 的倍数，$1 \leq i \leq k$，因此

$$M_1 x_1 + M_2 x_2 + \cdots + M_k x_k = M_i x_i + m_i q$$

这里 q 是整数，由第 1 章引理 8 得

$$(M_1 x_1 + M_2 x_2 + \cdots + M_k x_k, m_i) = (M_i x_i, m_i)$$

由于 x_i 是模 m_i 的简化剩余系中的一个数，所以 $(x_i, m_i) = 1$。而 $M_i = m_1 \cdots m_{i-1} m_{i+1} \cdots m_k$，且 $m_1, \cdots, m_k$ 两两互素，所以 $(M_i, m_i) = 1$。由此得

$$(M_i x_i, m_i) = 1$$

因此

$$(M_1 x_1 + M_2 x_2 + \cdots + M_k x_k, m_i) = 1$$

这里 i 可以取 $1, 2, \cdots, k$。所以由互素的性质得

$$(M_1 x_1 + M_2 x_2 + \cdots + M_k x_k, m_1 m_2 \cdots m_k) = 1$$

因此

$$M_1 x_1 + M_2 x_2 + \cdots + M_k x_k$$

通过 $\varphi(m_1 m_2 \cdots m_k)$ 个与 $m_1 m_2 \cdots m_k$ 互素的数。用与第 2 题相同的方法可以证明这 $\varphi(m_1 m_2 \cdots m_k)$ 个数是对模 $m_1 m_2 \cdots m_k$ 两两不同余的。由引理 12 就证明了 $M_1 x_1 + M_2 x_2 + \cdots + M_k x_k$ 通过模 $m_1 m_2 \cdots m_k$ 的简化剩余系。

8. (1) 解：由 $9\,450 = 2 \cdot 3^3 \cdot 5^2 \cdot 7$，并由引理 14 得出

$$\varphi(N) = 9\,450\left(1 - \frac{1}{2}\right)\left(1 - \frac{1}{3}\right)\left(1 - \frac{1}{5}\right)\left(1 - \frac{1}{7}\right) =$$

$$\frac{2 \cdot 3^3 \cdot 5^2 \cdot 7 \cdot 2 \cdot 4 \cdot 6}{2 \cdot 3 \cdot 5 \cdot 7} = 2\,160$$

(2) 解：设不大于 $9\,450$ 且与 $9\,450$ 互素的全体正整数的和是 S，由第 5 题可得

$$S = \frac{1}{2} \cdot 9\,450 \cdot \varphi(9\,450) =$$

$$\frac{1}{2} \times 9\,450 \times 2\,160 =$$

10 206 000

9. (1) 解:由于 $\varphi(21) = (3-1)(7-1) = 12$,而 $121 = 11^{12}$,且 $(11, 21) = 1$. 由定理 1,$11^{12} \equiv 1 \pmod{21}$,所以 $21 \mid (121^6 - 1)$.

(2) 解:因 $\varphi(13) = 12$,而 $4\,965 = 413 \times 12 + 9$. 由定理 2,$8^{12} \equiv 1 \pmod{13}$,所以 $8^{4\,965} \equiv 8^9 \pmod{13}$. 又 $8^2 \equiv -1 \pmod{13}$,所以 $8^9 = 8^8 \cdot 8 \equiv 8 \pmod{13}$. 因而

$$8^{4\,965} \equiv 8 \pmod{13}$$

(3) 证:由于 $p \neq 2, 5$,所以 $(10, p) = 1$. 于是 $(10^k, p) = 1$. 由定理 2 得 $(10^k)^{p-1} \equiv 1 \pmod{p}$,而

$$(10^k)^{p-1} - 1 = \underbrace{99\cdots9}_{(p-1)k\text{个}}$$

所以

$$p \mid \underbrace{99\cdots9}_{(p-1)k\text{个}}$$

10. 证:$F_5 = 2^{2^5} + 1 = 2^{32} + 1$. 由 $640 = 5 \cdot 2^7$,所以

$$5 \cdot 2^7 \equiv -1 \pmod{641}$$

根据引理 3 得到

$$5^4 \cdot 2^{28} \equiv 1 \pmod{641}$$

但

$$5^4 = 625 \equiv -2^4 \pmod{641}$$

因而

$$-2^4 \cdot 2^{28} \equiv 1 \pmod{641}$$

即

$$641 \mid (2^{32} + 1)$$

11. 证:若 $p \mid a, p \mid b$,结论显然成立. 若 a 和 b 二者之一能整除 p,不妨设 $p \mid b$,则

$$(a + b)^p = a^p + bq_t \equiv a^p \pmod{p}, q_t \text{ 是整数}$$

而 $a^p + b^p \equiv a^p \pmod{p}$,因而结论也成立,现在假设 $p \nmid a, p \nmid b$. 由定理 2 得

$$a^{p-1} \equiv 1 \pmod{p}, b^{p-1} \equiv 1 \pmod{p}$$

所以

$$a^p \equiv a \pmod{p}, b^p \equiv b \pmod{p}$$

由第 4 章引理 4 可得

$$a^p + b^p \equiv a + b \pmod{p}$$

因而只需证明

$$(a + b)^p \equiv a + b \pmod{p}$$

若 $p \mid (a + b)$,上同余式显然成立.

若 $p \nmid (a+b)$，用定理 $2(a+b)^{p-1} \equiv 1 \pmod{p}$，所以上同余式也成立. 因此，对任意整数 a 和 b 结论均成立.

不难把此题的结果推广为
$$(a_1 + a_2 + \cdots + a_n)^p \equiv a_1^p + a_2^p + \cdots + a_n^p \pmod{p}$$
其中 $a_1, a_2, \cdots, a_n$ 是任意整数.

12. 解：$1978^n - 1978^m = 1978^m(1978^{n-m} - 1) = 2^m \cdot 989^m (1978^{n-m} - 1)$. 又 1978^n 和 1978^m 的最后三位数相等，所以 $1978^n - 1978^m$ 的最后三位数都是 0. 因此 $1978^n - 1978^m$ 被 1000 整除. 而 $1000 = 2^3 \cdot 5^3$. 因而
$$2^3 \cdot 5^3 \mid 2^m \cdot 989^m (1978^{n-m} - 1)$$
由于 989^m 和 $1978^{n-m} - 1$ 都是奇数，所以 $2^3 \mid 2^m$. m 的最小可能值为 3.

又 $(5^3, 2^m \cdot 989^m) = 1$，所以有 $5^3 \mid (1978^{n-m} - 1)$，即
$$1978^{n-m} \equiv 1 \pmod{125}$$
问题变成找到使上式成立的最小正整数 $n-m$，这时取 $m=3$，$n+m = (n-m) + 2m$ 也为最小.

由于 $\varphi(125) = 5^2 \cdot 4 = 100$，$(1978, 125) = 1$，由定理 1 得到
$$1978^{100} \equiv 1 \pmod{125}$$
我们可以证明 $(n-m) \mid 100$. 因为否则有：$100 = (n-m)q + r$，q 是整数，r 是正整数，且 $0 < r < n-m$，则
$$1978^{100} = 1978^{(n-m)q} \cdot 1978^r \equiv 1978^r \pmod{125}$$
而
$$1978^{100} \equiv 1 \pmod{125}$$
所以有
$$1978^r \equiv 1 \pmod{125}$$
但 $r < n-m$，这与假定 $n-m$ 是使同余式成立的最小正整数相矛盾. 因此 $(n-m) \mid 100$.

又由于 $125 \mid (1978^{n-m} - 1)$，因此 1978^{n-m} 的末位数必须是 1 或 6. 容易验证：只在 $4 \mid (n-m)$ 时 1978^{n-m} 的末位数是 6. 所以 $n-m$ 是 4 的倍数，是 100 的约数，它只能取 4, 20, 100 这三个数之一.

因
$$1978^4 = (125 \times 15 + 103)^4 \equiv 103^4 \pmod{125}$$
$$103^2 = (3 + 4 \cdot 5^2)^2 \equiv 3^2 + 2 \cdot 3 \cdot 4 \cdot 5^2 \equiv$$
$$609 \equiv -16 \pmod{125}$$
$$103^4 \equiv (-16)^2 \equiv 6 \pmod{125}$$
所以
$$1978^4 \not\equiv 1 \pmod{125}$$

而
$$1\,978^{20} = (1\,978^4)^5 \equiv 6^5 \not\equiv 1(\bmod\ 125)$$
因此 $n - m$ 的最小值为 100. 现取 $m = 3$,故 $n = 103, n + m = 106$.

13. 解:假设 $a = 12n + a_1, n$ 是非负整数,$1 \leqslant a_1 < 12$,则
$$a^{b^c} = (12n + a_1)^{b^c} \equiv a_1^{b^c}(\bmod\ 12)$$
当 $a_1 = 1, 5, 7, 11$ 时,$a_1^2 \equiv 1(\bmod\ 12)$. 所以
$$a_1^{2k} \equiv (a_1^2)^k \equiv 1(\bmod\ 12), k \geqslant 1$$
$$a_1^{2k-1} = a_1 \cdot a_1^{2k-2} \equiv a_1(\bmod\ 12), k \geqslant 1$$
因此,若 b 是偶数,则 b^c 是偶数,$a_1^{b^c} \equiv 1(\bmod\ 12)$,指针指一点钟. 若 b 是奇数,则 b^c 是奇数,$a_1^{b^c} \equiv a_1(\bmod\ 12)$,指针指 a_1 点钟.

当 $a_1 = 4$ 时,由于 $4^k \equiv 4(\bmod\ 12), k \geqslant 1$,所以指针指 4 点钟.

当 $a_1 = 8$ 时,则
$$8^{2k} = 64^k \equiv 4^k \equiv 4(\bmod\ 12), k \geqslant 1$$
而
$$8^{2k-1} = 8 \cdot 8^{2k-2} \equiv 32(\bmod\ 12) \equiv 8(\bmod\ 12), k \geqslant 1$$

因此,若 b 是偶数,则 b^c 是偶数,$a_1^{b^c} \equiv 4(\bmod\ 12)$,指针指 4 点钟;若 b 是奇数,则 b^c 是奇数,$a_1^{b^c} \equiv 8(\bmod\ 12)$,指针指 8 点钟.

当 $a_1 = 2$ 时,则 $2^1 = 2(\bmod\ 12)$
$$2^{2k} = 4^k \equiv 4(\bmod\ 12), k \geqslant 1$$
$$2^{2k+1} = 2 \cdot 2^{2k} \equiv 8(\bmod\ 12), k \geqslant 1$$

因此,若 $b = 1$,则 $b^c = 1, a_1^{b^c} \equiv 2(\bmod\ 12)$,指针指 2 点钟;若 b 是偶数,则 b^c 是偶数,$a_1^{b^c} \equiv 4(\bmod\ 12)$,指针指 4 点钟;若 b 是大于 1 的奇数,则 $a_1^{b^c} \equiv 8(\bmod\ 12)$,指针指 8 点钟.

当 $a_1 = 6$ 时,由于 $6 \equiv 6(\bmod\ 12)$,及 $6^k \equiv 12(\bmod\ 12), k > 1$. 因此,若 $b = 1$,则 $a_1^{b^c} \equiv 6(\bmod\ 12)$,指针指 6 点钟;若 $b > 1$,则 $a_1^{b^c} \equiv 12(\bmod\ 12)$,指针指 12 点钟.

当 $a_1 = 10$ 时,由于 $10 \equiv 10(\bmod\ 12)$ 及 $10^k \equiv 4(\bmod\ 12), k > 1$. 因此,若 $b = 1$,则 $a_1^{b^c} \equiv 10(\bmod\ 12)$,指针指 10 点钟;若 $b > 1$,则 $a_1^{b^c} \equiv 4(\bmod\ 12)$,指针指 4 点钟.

当 $a_1 = 9$ 时,由于 $9^k \equiv 9(\bmod\ 12), k \geqslant 1$. 因此,指针指 9 点钟.

当 $a_1 = 3$ 时,则 $3^{2k} = 9^k \equiv 9(\bmod\ 12), k \geqslant 1$;而 $3^{2k-1} = 3 \cdot 3^{2k-2} \equiv 3(\bmod\ 12), k \geqslant 1$. 因此,若 b 是偶数,则 b^c 是偶数,$a_1^{b^c} \equiv 9(\bmod\ 12)$,指针指 9 点钟;若 b 是奇数,则 b^c 是奇数,$a_1^{b^c} \equiv 3(\bmod\ 12)$,指针指 3 点钟.

第 6 章

1. (1) 解：由于 $6\,250 = 2 \times 5^5$，所以 $\dfrac{371}{6\,250}$ 是有限分数，经计算得到

$$\dfrac{371}{6\,250} = 0.059\,36$$

(2) 解：$\dfrac{190}{37} = 5 + \dfrac{5}{37}$，由于 $(10,37) = 1$，所以 $\dfrac{5}{37}$ 是纯循环小数. 又 $\varphi(37) = 36$，而 $10^2 \not\equiv 1(\bmod\,37)$，$10^3 \equiv 1(\bmod\,37)$，所以循环节的长度是 3，经计算得到

$$\dfrac{190}{37} = 5.\dot{1}3\dot{5}$$

(3) 解：由于 $28 = 2^2 \times 7$，所以 $\dfrac{13}{28}$ 是混循环小数. 又 $\varphi(7) = 6$，而 $10^2 \not\equiv 1(\bmod\,7)$，$10^3 \not\equiv 1(\bmod\,7)$，$10^6 \equiv 1(\bmod\,7)$，所以循环节的长度是 6，经计算得到

$$\dfrac{13}{28} = 0.4\dot{6}4285\dot{7}1$$

(4) 解：由于 $875 = 5^5 \times 7$，所以 $\dfrac{a}{875}$ 是混循环小数. 由(3)的计算知道循环节的长度是 6，经计算得到

$$\dfrac{4}{875} = 0.004\,\dot{5}71\,42\dot{8}$$

$$\dfrac{29}{875} = 0.033\,\dot{1}42\,85\dot{7}$$

$$\dfrac{139}{875} = 0.158\,\dot{8}57\,14\dot{2}$$

$$\dfrac{361}{875} = 0.412\,\dot{5}71\,42\dot{8}$$

2. (1) 解：$0.868 = \dfrac{868}{1\,000} = \dfrac{217}{250}$.

(2) 解：$0.\dot{8}365\dot{4} = \dfrac{83\,654}{10^5 - 1} = \dfrac{83\,654}{99\,999}$.

(3) 解：$0.37\dot{6}8935\dot{4} = 0.37 + \dfrac{0.\dot{6}8935\dot{4}}{100} =$

$$0.37 + \dfrac{689\,354}{100 \times (10^6 - 1)} =$$

$$\frac{37}{100} + \frac{689\,354}{99\,999\,900} =$$

$$\frac{37\,689\,317}{99\,999\,900}$$

3. 证:如果能够证明 $\sqrt[n]{a}$ 不能表示成为分数,则 c 一定是一个无限不循环小数. 现在我们用反证法来证明本题:假设

$$\sqrt[n]{a} = \frac{q}{r}, \quad (q,r) = 1$$

则 $r^n a = q^n$. 因此 $r^n \mid q^n$,所以 $r \mid q$. 由此,对于 r 的任一素因子 p 均有 $p \mid q$,但 $p \mid r$,所以 $p \mid (q,r)$. 由假设 $(q,r) = 1$,因而有 $p = 1$. 由于 p 是 r 的任一素因子,所以得到 $r = 1$. 于是 $\sqrt[n]{a} = q$ 是正整数,这和 $0 < c < 1$ 矛盾.

4. 证:我们可以假定此方程只有非零根,即可以假设 $a_n \neq 0$. 因为如果此方程含有 m 重零根,则可以在方程两边除以 x^m 而得到一个常数项不为零的整系数方程.

设方程有一个有理根 $\frac{q}{r}$, $(q,r) = 1$. 把它代入方程得到

$$\left(\frac{q}{r}\right)^n + a_1\left(\frac{q}{r}\right)^{n-1} + \cdots + a_n = 0$$

即

$$q^n + a_1 q^{n-1} r + \cdots + a_n r^n = 0$$

所以

$$q^n = -r(a_1 q^{n-1} + a_2 q^{n-2} r + \cdots + a_n r^{n-1})$$

由于上式右端括弧内是整数,所以 $r \mid q^n$. 对于 r 的任一素因子 p,有 $p \mid q^n$,但 $p \mid r$,所以 $p \mid (q,r)$. 由假定 $(q,r) = 1$ 而得到 $p = 1$. 由于 p 是 r 的任一素因子,所以有 $r = 1$. 因而方程的任一有理根都是整数.

5. 证:若 $\log_{10} 2 = \frac{q}{r}$, $(q,r) = 1$,则由对数的定义得 $10^{q/r} = 2$,即 $10^q = 2^r$. 所以 $5^q = 2^{r-q}$. 由于 q 和 $r - q$ 是正整数,$(5,2) = 1$,因此上式不可能成立. 所以 $\log_{10} 2$ 是无理数.

6. 证:假设 $\log_M N = \frac{q}{r}$, $(q,r) = 1$,由对数的定义可知: $M^{q/r} = N$,即 $M^q = N^r$.

设 M 和 N 的标准分解式分别是

$$M = u_1^{\alpha_1} u_2^{\alpha_2} \cdots u_m^{\alpha_m}, N = v_1^{\beta_1} v_2^{\beta_2} \cdots v_n^{\beta_n}$$

这里 $u_1 < u_2 < \cdots < u_m, u_1, u_2, \cdots, u_m$ 是不同的素数;$v_1 < v_2 < \cdots < v_n, v_1, v_2, \cdots, v_n$ 是不同的素数. 因而由 $M^q = N^r$ 得到

$$u_1^{\alpha_1 q} u_2^{\alpha_2 q} \cdots u_m^{\alpha_m q} = v_1^{\beta_1 r} v_2^{\beta_2 r} \cdots v_n^{\beta_n r}$$

由算术基本定理,一个数的标准分解式是唯一的. 因此有 $m = n$, 且 $u_i = v_i, \alpha_i q = \beta_i r (i = 1, 2, \cdots, n)$.

于是
$$\frac{\alpha_i}{r} = \frac{\beta_i}{q} \quad (i = 1, 2, \cdots, n)$$

所以令
$$S = u_1^{\alpha_1/r} u_2^{\alpha_2/r} \cdots u_m^{\alpha_m/r} = v_1^{\beta_1/q} v_2^{\beta_2/q} \cdots v_n^{\beta_n/q}$$

则 $M = S^r, N = S^q$. 这与假设 M 和 N 不能表示成同底数的乘幂相矛盾. 因此 $\log_M N \neq \frac{q}{r}$, 于是证明了 $\log_M N$ 是无理数.

由此可知, $\log_2 5, \log_{16} 72$ 等等都是无理数.

7. 证: 假设 $e = \frac{q}{r}, (q, r) = 1$. 又设正整数 $k \geq r$, 则有 $r \mid k!$, 并且对于任意不大于 k 的正整数 n, 有 $n! \mid k!$. 所以当 $e = \frac{q}{r}$ 时

$$A = k! \left(e - 1 - \frac{1}{1!} - \frac{1}{2!} - \cdots - \frac{1}{k!} \right)$$

是整数, 而由 e 的定义得

$$0 < A = k! \left(\sum_{m=0}^{\infty} \frac{1}{m!} - 1 - \frac{1}{1!} - \frac{1}{2!} - \cdots - \frac{1}{k!} \right) =$$
$$k! \left(\frac{1}{(k+1)!} + \frac{1}{(k+2)!} + \cdots \right) =$$
$$\left(\frac{1}{k+1} + \frac{1}{(k+1)(k+2)} + \frac{1}{(k+1)(k+2)(k+3)} + \cdots \right) <$$
$$\frac{1}{k+1} + \frac{1}{(k+1)^2} + \frac{1}{(k+1)^3} + \cdots =$$
$$\frac{1}{k+1} \left(1 + \frac{1}{k+1} + \frac{1}{(k+1)^2} + \cdots \right) =$$
$$\frac{1}{k+1} \cdot \frac{1}{1 - \frac{1}{k+1}} = \frac{1}{k}$$

由于 $k \geq r \geq 1$, 所以 A 不是整数. 这与前面得到的 A 是整数的结论相矛盾. 因此 e 是无理数.

8. 证: 假设 $J = \frac{q}{r}, (q, r) = 1$. 又设正整数 $k \geq r$, 则有 $r \mid k!$. 所以当 $J = \frac{q}{r}$ 时

$$A = (2^k \cdot k!)^2 \left[J - \left(1 - \frac{1}{2^2} + \frac{1}{2^2 \cdot 4^2} - \cdots + \frac{(-1)^k}{(2^k \cdot k!)^2} \right) \right]$$

是整数. 而由 J 的定义得

$$0 < |A| = \left| (2^k \cdot k!)^2 \left[\sum_{m=0}^{\infty} \frac{(-1)^m}{(2^m \cdot m!)^2} - \left(1 - \frac{1}{2^2} + \frac{1}{2^2 \cdot 4^2} - \cdots + \frac{(-1)^k}{(2^k \cdot k!)^2}\right)\right]\right| \leq$$

$$(2^k \cdot k!)^2 \left(\frac{1}{[2^{k+1}(k+1)!]^2} + \frac{1}{[2^{k+2}(k+2)!]^2} + \cdots \right) =$$

$$\frac{1}{[2(k+1)]^2} + \frac{1}{[2^2(k+1)(k+2)]^2} + \cdots < \frac{1}{2^2} + \frac{1}{2^4} + \frac{1}{2^6} + \cdots =$$

$$\frac{1}{2^2} \frac{1}{1-2^{-2}} = \frac{1}{3}$$

所以 A 不是整数,因而 J 是无理数.

9. 证:当 $a < b$ 时,不存在不大于 a 而为 b 的倍数的正整数. 而按定义 $\left[\frac{a}{b}\right] = 0$,所以结论成立. 现假定 $a \geq b$,把所有不大于 a 而为 b 的倍数的正整数排列成

$$b, 2b, 3b, \cdots, Sb$$

Sb 是其中最大者,则 $Sb \leq b < (S+1)b$. 因此

$$S \leq \frac{a}{b} < S + 1$$

所以

$$S = \left[\frac{a}{b}\right]$$

10. 证:当 $p^k > n$ 时, $\left[\frac{n}{p^k}\right] = 0$,所以 S 只含有有限个不等于 0 的项.

若 $n < p$,则 $n!$ 的标准分解式中不含有 p,而按定义 $S = 0$,所以结论成立.

现假设 $n \geq p$,由上一题可知,在 $1, 2, 3, \cdots, n$ 这 n 个数中,有 $\left[\frac{n}{p}\right]$ 个 p 的倍数,有 $\left[\frac{n}{p^2}\right]$ 个 p^2 的倍数,……,所以恰好有 $\left[\frac{n}{p^r}\right] - \left[\frac{n}{p^{r+1}}\right]$ 个数是 p^r 的倍数而不是 p^{r+1} 的倍数. 这样的数的分解式中 p 的方次数是 r. 因此

$$S = \left(\left[\frac{n}{p}\right] - \left[\frac{n}{p^2}\right]\right) + 2\left(\left[\frac{n}{p^2}\right] - \left[\frac{n}{p^3}\right]\right) + 3\left(\left[\frac{n}{p^3}\right] - \left[\frac{n}{p^4}\right]\right) + \cdots =$$

$$\left[\frac{n}{p}\right] + \left[\frac{n}{p^2}\right] + \left[\frac{n}{p^3}\right] + \cdots$$

11. 由上题的结果有

$$k = \left[\frac{1\,000}{3}\right] + \left[\frac{1\,000}{9}\right] + \left[\frac{1\,000}{27}\right] + \left[\frac{1\,000}{81}\right] + \left[\frac{1\,000}{243}\right] + \left[\frac{1\,000}{729}\right] =$$

$$333 + 111 + 37 + 12 + 4 + 1 = 498$$

12. (1) 证:由 C_m^n 的定义有

$$C_m^{m-n} = \frac{m!}{(m-n)![m-(m-n)]!} = \frac{m!}{n!(m-n)!} = C_m^n$$

(2) 证: $C_m^n = \dfrac{m!}{n!(m-n)!}$, 由于 $n \leq m, m-n \leq m$, 所以如有素数 $p \mid n!(m-n)!$, 必有 $p \mid m!$. 也就是分母的素因子 p 必定能除尽分子. 下面只需证明, 在分子和分母的标准分解式中, 分母中的 p 的方次数不大于分子的中 p 的方次数.

由于 $[\alpha + \beta] \geq [\alpha] + [\beta]$, 以及 $m = n + (m-n)$, 所以

$$\left[\frac{m}{p^r}\right] \geq \left[\frac{n}{p^r}\right] + \left[\frac{m-n}{p^r}\right]$$

$$\sum_{r=1}^{\infty}\left[\frac{m}{p^r}\right] \geq \sum_{r=1}^{\infty}\left[\frac{n}{p^r}\right] + \sum_{r=1}^{\infty}\left[\frac{m-n}{p^r}\right]$$

由第 10 题知上式左端为 $m!$ 中含有的 p 的方次数, 右端两项分别为 $n!$ 和 $(m-n)!$ 中含有的 p 的方次数, 所以 C_m^n 是正整数.

(3) 证: 设 $(n+1)(n+2)\cdots(n+k)$ 是 k 个连续正整数的乘积, 由于

$$\frac{(n+1)(n+2)\cdots(n+k)}{k!} = \frac{(n+k)!}{k!\,n!} = C_{n+k}^k$$

由 (2) 知 C_{n+k}^k 是整数, 所以 $k! \mid (n+1)(n+2)\cdots(n+k)$.

(4) 证: 由 (3), 当 $1 \leq k \leq p-1$ 时

$$k! \mid p(p-1)\cdots(p-k+1)$$

但是因 $(k!, p) = 1$, 所以

$$k! \mid (p-1)(p-2)\cdots(p-k+1)$$

而

$$C_p^k = \frac{p!}{k!(p-k)!} = p \cdot \frac{(p-1)(p-2)\cdots(p-k+1)}{k!}$$

由此得到 $p \mid C_p^k$.

13. (1) 证: 当 $p = 2$ 时结论显然成立. 现假设 p 是奇素数. 若取 x_0 是 $1, 2, \cdots, p-1$ 中的一个数时, 则由于 $(x_0, p) = 1$ 及第 4 章引理 12, 同余式 $x_0 x \equiv 1 \pmod p$ 有解, 它的最小非负整数解也在 $1, 2, \cdots, p-1$ 中. 当 $x = x_0$ 时由 $x^2 \equiv 1 \pmod p$ 得 $(x-1)(x+1) \equiv 0 \pmod p$. 这时最小正数解是 $x = 1$ 和 $x = p-1$. 因此, 当 x_0 是数列 $2, 3, \cdots, p-2$ 中的任一数时, 同余式 $x_0 x \equiv 1 \pmod p$ 的最小正数解 x 必是同一数列中不等于 x_0 的另一个数. 所以可以把数列 $2, 3, \cdots, p-2$ 分成 $\dfrac{p-3}{2}$ 个组, 每个组包含两个数, 当 x_0, x 分别取作这两个数时, 同余式 $x_0 x \equiv 1 \pmod p$ 成立. 由第 4 章引理 6, 把这 $\dfrac{p-3}{2}$ 个同余式相乘就得到

$$2 \cdot 3 \cdot \cdots \cdot (p-2) \equiv 1 \pmod p$$

又

$$(p-1) \equiv -1 (\bmod p)$$

所以
$$(p-1)! \equiv -1 (\bmod p)$$

(2) 证:假如 p 不是素数,则必有约数 $d \mid p, 1 < d < p$,因此 $(p-1)! \equiv -1(\bmod d)$. 但 $d \mid (p-1)!$,所以又有 $(p-1)! \equiv 0 (\bmod d)$. 两同余式矛盾. 因而 p 必定是素数.

14. 证:假若
$$4[(n-1)! + 1] + n \equiv 0 [\bmod n(n+2)], n > 1 \qquad (1)$$

成立. 可以证明 n 必为奇数,即 $(4,n) = 1$. 因为容易验证 $n = 2,4$ 不满足式(1). 而当 $n = 2m, m > 2$ 时,由式(1) 得 $n \mid 4[(n-1)! + 1]$,于是 $m \mid 2[(2m-1)! + 1]$. 而 $m > 2$ 时 $2m - 1 > m$,所以 $m \mid (2m-1)!$ 故 $m \nmid [(2m-1)! + 1]$,于是 $m \mid 2$. 但这和假设 $m > 2$ 矛盾,因此证明了 $(4,n) = 1$. 于是由式(1) 得到 $n \mid [(n-1)! + 1]$,也就是 $(n-1)! \equiv -1 (\bmod n)$. 由第 13 题可知 n 是素数.

又由式(1) 可知
$$(n+2) \mid \{4[(n-1)! + 1] + n\}$$

于是
$$(n+2) \mid \{4[(n-1)! + 1] - 2\}$$

由于 $n+2$ 也是奇数,所以
$$(n+2) \mid \{2[(n-1)! + 1] - 1\}$$

即
$$2(n-1)! \equiv -1 [\bmod (n+2)] \qquad (2)$$

又因 $n \equiv -2 [\bmod (n+2)]$,所以
$$n(n+1) = n^2 + n \equiv 2 [\bmod (n+2)] \qquad (3)$$

由式(2),(3) 及第 4 章引理 6 得到
$$2(n+1)! \equiv -2 [\bmod (n+2)]$$

由于 $n+2$ 是奇数,所以
$$(n+1)! \equiv -1 [\bmod (n+2)]$$

因此由第 13 题可知 $n+2$ 是素数,于是证明了 n 和 $n+2$ 是孪生素数.

反之,假若 n 和 $n+2$ 都是素数,显然 $n \neq 2$,所以 n 是奇数. 由 Wilson 定理
$$(n-1)! + 1 \equiv 0 (\bmod n)$$

所以
$$4[(n-1)! + 1] + n \equiv 0 (\bmod n) \qquad (4)$$

又由式(3) 得到
$$(n+1)! \equiv 2(n-1)! [\bmod (n+2)]$$

因此

$$4[(n-1)! +1] + n = 4(n-1)! + (n+2) + 2 \equiv$$
$$2(n+1)! + 2[\mod (n+2)] \tag{5}$$

又因 $n+2$ 是素数,由 Wilson 定理可得
$$(n+1)! + 1 \equiv 0[\mod (n+2)] \tag{6}$$

由式(5),(6)及第4章引理3得
$$4[(n-1)! +1] + n \equiv 0[\mod (n+2)] \tag{7}$$

由式(4),(7)及 $(n, n+2) = 1$ 而得到
$$4[(n-1)! +1] + n \equiv 0[\mod (n+2)]$$

15. 证:由 $a^{m-1} \equiv 1(\mod m)$ 可知 $(a,m) = 1$. 由第5章定理1有
$$a^{\varphi(m)} \equiv 1(\mod m)$$

设 d 是同余式 $a^x \equiv 1(\mod m)$ 的最小正整数解,则必定有 $d \mid \varphi(m)$,因为否则可写成 $\varphi(m) = dq + r, 0 < r < d$. 这时由
$$a^{\varphi(m)} = a^{dq+r} \equiv 1(\mod m)$$

及假定 $a^d \equiv 1(\mod m)$,可以得到 $a^r \equiv 1(\mod m)$. 这与假设 d 是 $a^x \equiv 1(\mod m)$ 的最小正数解矛盾. 所以 $d \mid \varphi(m)$. 用同样的方法由 $a^{m-1} \equiv 1(\mod m)$ 可以证明 $d \mid m-1$. 由于除 $m-1$ 外所有 $m-1$ 的约数都不是 $a^x \equiv 1(\mod m)$ 的解,因此有 $d = m-1$. 所以 $(m-1) \mid \varphi(m)$. 设若 m 不是素数, $p_1, p_2, \cdots, p_n$ 是 m 的素因数, $n > 1$, 则 $p_i < m, 1 \leq i \leq n$. 因此
$$\varphi(m) = m\left(1 - \frac{1}{p_1}\right)\left(1 - \frac{1}{p_2}\right)\cdots\left(1 - \frac{1}{p_n}\right) <$$
$$m\left(1 - \frac{1}{m}\right)^n < m\left(1 - \frac{1}{m}\right) = m - 1$$

这与 $(m-1) \mid p(m)$ 矛盾. 所以 m 一定是素数.

16. (1) 证:设 d 是 n 的约数, $d = q_1^{r_1} q_2^{r_2} \cdots q_m^{r_m}$ 是它的标准分解式,则有
$$q_1^{r_1} q_2^{r_2} \cdots q_m^{r_m} \mid p_1^{\alpha_1} p_2^{\alpha_2} \cdots p_n^{\alpha_n}$$

由于标准分解式是唯一的,所以每一个 q_i 必定是 $p_1, p_2, \cdots, p_n$ 之一,且 $m \leq n$,若 $q_i = p_i$,必有 $r_i \leq a_i$. 因此 n 的约数 d 必定有如下的形式
$$d = p_1^{\beta_1} p_2^{\beta_2} \cdots p_n^{\beta_n}$$

这里 $0 \leq \beta_1 \leq \alpha_1, 0 \leq \beta_2 \leq \alpha_2, \cdots, 0 \leq \beta_n \leq \alpha_n$. 每一个约数 d 对应着一组 β_1, $\beta_2, \cdots, \beta_n$. 而且不全相同的组 $\beta_1, \beta_2, \cdots, \beta_n$, 对应着不同的约数. 现 β_1 可取 0, $1, \cdots, \alpha_1$ 共 $\alpha_1 + 1$ 个值, β_2 可取 $\alpha_2 + 1$ 个值, $\cdots$, β_n 可取 $\alpha_n + 1$ 个值. 所以总共有 $(\alpha_2 + 1)(\alpha_2 + 1)\cdots(\alpha_n + 1)$ 组不完全相同的 $\beta_1, \beta_2, \cdots, \beta_n$. 因此约数的个数有 $(\alpha_1 + 1)(\alpha_2 + 1)\cdots(\alpha_n + 1)$ 个.

(2) 证:容易看出乘积
$$(p_1^0 + p_1^1 + p_1^2 + \cdots + p_1^{\alpha_1})(p_2^0 + p_2^1 + p_2^2 + \cdots + p_2^{\alpha_2})\cdots$$

$$(p_n^0 + p_n^1 + p_n^2 + \cdots + p_n^{\alpha_n})$$

展开后是$(\alpha_1 + 1)(\alpha_2 + 1)\cdots(\alpha_n + 1)$项的和,每一项是每一括弧中取出一项的乘积,因此具有形式:$p_1^{\beta_1}p_2^{\beta_2}\cdots p_n^{\beta_n}$,并且$0 \leq \beta_1 \leq \alpha_1, 0 \leq \beta_2 \leq \alpha_2, \cdots, 0 \leq \beta_n \leq \alpha_n$. 所以每一项都是 n 的约数. 由(1)可知展开后的$(\alpha_1 + 1)(\alpha_2 + 1)\cdots(\alpha_n + 1)$项恰好是 n 的全部约数,因此

$$\sigma(n) = (p_1^0 + p_1^1 + \cdots + p_1^{\alpha_1})(p_2^0 + p_2^1 + \cdots + p_2^{\alpha_2})\cdots$$
$$(p_n^0 + p_n^1 + \cdots + p_n^{\alpha_n})$$

由于

$$(p_1 - 1)(p_i^0 + p_i^1 + \cdots + p_i^{\alpha_i}) = p_i^{\alpha_i+1} - 1, 1 \leq i \leq n$$

所以

$$\sigma(n) = \left(\frac{p_1^{\alpha_1+1} - 1}{p_1 - 1}\right)\left(\frac{p_2^{\alpha_2+1} - 1}{p_2 - 1}\right)\cdots\left(\frac{p_n^{\alpha_n+1} - 1}{p_n - 1}\right)$$

17. 证:若 n 是素数,则 $\varphi(n) = n - 1$,且 $\sigma(n) = n + 1$. 所以满足 $\varphi(n) \mid (n - 1), (n + 1) \mid \sigma(n)$.

反之,如果 $\varphi(n) \mid (n - 1)$,且 $(n + 1) \mid \sigma(n)$,若 $n = 2^m$,则 $\varphi(n) = 2^m - 2^{m-1} = 2^{m-1}$ 而 $n - 1 = 2^m - 1$. 当 $m > 1$ 时 2^{m-1} 是偶数,$2^m - 1$ 是奇数,因而 $\varphi(n) \mid (n - 1)$ 不成立. 所以只能 $m = 1$. 这时 $n = 2$ 是素数. 若 n 含有奇素因子 p_i,由第5章引理14知 $(p_i^{\alpha_i} - p_i^{\alpha_i-1}) \mid \varphi(n)$,这里 α_i 是 n 的标准分解式中 p_i 的方次数. 由于 $p_i^{\alpha_i} - p_i^{\alpha_i-1}$ 是偶数,所以 $\varphi(n)$ 是偶数. 因而由 $\varphi(n) \mid (n - 1)$ 可知 n 是奇数. 假设 $n = p_1^{\alpha_1}p_2^{\alpha_2}\cdots p_n^{\alpha_n}$, $p_1, p_2, \cdots, p_m$ 为不同的奇素数,由 $\varphi(n) \mid (n - 1)$ 及 $(p_i^{\alpha_i} - p_i^{\alpha_i-1}) \mid \varphi(n), 1 \leq i \leq m$,得到

$$(p_i^{\alpha_i} - p_i^{\alpha_i-1}) \mid (p_1^{\alpha_1}p_2^{\alpha_2}\cdots p_m^{\alpha_m} - 1)$$

所以

$$p_i^{\alpha_i-1} \mid (p_1^{\alpha_1}p_2^{\alpha_2}\cdots p_m^{\alpha_m} - 1)$$

由于 $p_i^{\alpha_i-1} \mid p_1^{\alpha_1}p_2^{\alpha_2}\cdots p_m^{\alpha_m}$,因此 $p_i^{\alpha_i-1} \mid 1$. 于是 $\alpha_i = 1, 1 \leq i \leq m$. 所以 $n = p_1p_2\cdots p_m$.

这时

$$\varphi(n) = (p_1 - 1)(p_2 - 1)\cdots(p_m - 1)$$
$$\sigma(n) = (p_1 + 1)(p_2 + 1)\cdots(p_m + 1)$$

由于 $p_1, p_2, \cdots, p_m$ 都是奇素数,故 $2 \mid (p_i - 1), 2 \mid (p_i + 1), i = 1, 2, \cdots, m$,所以得到

$$2^m \mid \varphi(n), 2^m \mid \sigma(n)$$

由 $\varphi(n) \mid (n - 1)$ 和 $(n + 1) \mid \sigma(n)$ 可知 $n = 2^m k + 1$ 且 $2^{m-1}(n + 1) \mid \sigma(n)$,但是用数学归纳法不难证明当 $m \geq 2$ 时,$2^{m-1}(n + 1) > \sigma(n)(n = p_1p_2\cdots p_m$ 时). 因此 $m = 1, n$ 是素数.

第 7 章

1. (1) 证:当 $n=1$ 时,由于 $1 \cdot 2 = \frac{1}{3} \cdot 1 \cdot 2 \cdot 3$,故命题成立. 设 k 是 ≥ 2 的整数,假设命题对于 $n = k-1$ 成立,即假定
$$1 \cdot 2 + 2 \cdot 3 + \cdots + (k-1)k = \frac{1}{3}(k-1) \cdot k \cdot (k+1)$$
则当 $n = k$ 时,由归纳法的假定有
$$1 \cdot 2 + 2 \cdot 3 + 3 \cdot 4 + \cdots + (k-1) \cdot k + k(k+1) =$$
$$\frac{1}{3}(k-1) \cdot k \cdot (k+1) + k(k+1) =$$
$$k(k+1)\left[\frac{1}{3}(k-1) + 1\right] =$$
$$\frac{1}{3}k(k+1)(k+2)$$
所以 n 为任意正整数时命题成立.

(2) 证:当 $n = 1$ 时,$1^3 = \left(\frac{1 \cdot 2}{2}\right)^2$,故命题成立,设 k 是 ≥ 2 的整数,假设命题对于 $n = k - 1$ 成立,即假定
$$1^3 + 2^3 + \cdots + (k-1)^3 = \left[\frac{(k-1)k}{2}\right]^2$$
则当 $n = k$ 时,由归纳法的假定
$$1^3 + 2^3 + \cdots + (k-1)^3 + k^3 =$$
$$\left[\frac{(k-1)k}{2}\right]^2 + k^3 = k^2\left[\left(\frac{k-1}{2}\right)^2 + k\right] =$$
$$k^2 \frac{k^2 - 2k + 1 + 4k}{4} = \left[\frac{k(k+1)}{2}\right]^2$$
所以 n 为任意正整数时命题成立.

(3) 证:设 $f(n) = a^{n+2} + (a+1)^{2n+1}$. 当 $n = 0$ 时 $f(0) = a^2 + a + 1$,故命题成立. 假设命题对于 $n = k-1$ 成立,即假定 $(a^2 + a + 1) \mid f(k-1)$,则当 $n = k$ 时
$$f(k) = a^{k+2} + (a+1)^{2k+1} =$$
$$a \cdot a^{k+1} + (a+1)^2 \cdot (a+1)^{2k-1} =$$
$$a \cdot a^{k+1} + (a^2 + a + 1)(a+1)^{2k-1} + a(a+1)^{2k-1} =$$
$$a[a^{k+1} + (a+1)^{2k-1}] + (a^2 + a + 1)(a+1)^{2k-1} =$$

$$af(k-1) + (a^2 + a + 1)(a+1)^{2k-1}$$

由归纳法的假定,$(a^2 + a + 1) \mid f(k-1)$,所以由上式可知$(a^2 + a + 1) \mid f(k)$,命题得证.

(4) 求证

$$(a_1 a_2 \cdots a_n)^{1/n} \leqslant \frac{a_1 + a_2 + \cdots + a_n}{n} \tag{1}$$

这里 $a_1, a_2, \cdots, a_n$ 是非负实数.

证:当 $n = 1$ 时,由 $a_1 = a_1$,命题成立. 又若 $a_1, a_2, \cdots, a_n$ 中有一个等于 0,命题显然也成立,因此可以假设

$$0 < a_1 \leqslant a_2 \leqslant \cdots \leqslant a_n \tag{2}$$

若 $a_1 = a_n$,则所有的 $a_j(j = 1, 2, \cdots, n)$ 都相等,容易验证命题也成立. 所以可以进一步假设 $a_1 < a_n$. 假设 $n = k - 1$ 时命题成立,即假定

$$(a_1 a_2 \cdots a_{k-1})^{1/k-1} \leqslant \frac{a_1 + a_2 + \cdots + a_{k-1}}{k-1} \tag{3}$$

则当 $n = k$ 时

$$\frac{a_1 + a_2 + \cdots + a_k}{k} = \frac{(k-1)\frac{a_1 + a_2 + \cdots + a_{k-1}}{k-1} + a_k}{k} =$$

$$\frac{k \cdot \frac{a_1 + a_2 + \cdots + a_{k-1}}{k-1} + a_k - \frac{a_1 + a_2 + \cdots + a_{k-1}}{k-1}}{k} =$$

$$\frac{a_1 + a_2 + \cdots + a_{k-1}}{k-1} + \frac{a_k - \frac{a_1 + a_2 + \cdots + a_{k-1}}{k-1}}{k} \tag{4}$$

由假设 $a_1 < a_n, n = k$ 及式(2)可知

$$\frac{a_1 + a_2 + \cdots + a_{k-1}}{k-1} < \frac{(k-1)a_k}{k-1} = a_k$$

所以式(4)右端两项均大于零,将式(4)两边乘方 $k(k \geqslant 2)$ 次,并且利用不等式

$$(a + b)^k > a^k + k a^{k-1} b (k \geqslant 2, a > 0, b > 0)$$

(这个不等式用数学归纳法很容易加以证明),得到

$$\left(\frac{a_1 + a_2 + \cdots + a_k}{k}\right)^k > \left(\frac{a_1 + a_2 + \cdots + a_{k-1}}{k-1}\right)^k +$$

$$k\left(\frac{a_1 + a_2 + \cdots + a_{k-1}}{k-1}\right)^{k-1} \times \left(\frac{a_k - \frac{a_1 + a_2 + \cdots + a_{k-1}}{k-1}}{k}\right) =$$

$$\left(\frac{a_1+a_2+\cdots+a_{k-1}}{k-1}\right)^{k-1}\cdot a_k$$

由归纳法的假定式(3)可知上式右端 $\geq a_1a_2\cdots a_k$,所以

$$(a_1a_2\cdots a_k)^{1/k} \leq \frac{a_1+a_2+\cdots+a_k}{k}$$

命题得证.

2.(1) 解:

$$\frac{50}{13} = 3 + \frac{11}{13} = 3 + \frac{1}{\frac{13}{11}} = 3 + \frac{1}{1+\frac{2}{11}} =$$

$$3 + \frac{1}{1+\frac{1}{\frac{11}{2}}} = 3 + \frac{1}{1+\frac{1}{5+\frac{1}{2}}} =$$

$$[3,1,5,2]$$

(2) 解:

$$-\frac{53}{25} = -3 + \frac{22}{25} = -3 + \frac{1}{\frac{25}{22}} =$$

$$-3 + \frac{1}{1+\frac{3}{22}} = -3 + \frac{1}{1+\frac{1}{\frac{22}{3}}} =$$

$$-3 + \frac{1}{1+\frac{1}{7+\frac{1}{3}}} = [-3,1,7,3]$$

3. 解:因为 $6 < \sqrt{41} < 7$,所以

$$\sqrt{41} = 6 + (\sqrt{41}-6) = 6 + \frac{1}{\frac{1}{\sqrt{41}-6}} =$$

$$6 + \frac{1}{\frac{\sqrt{41}+6}{5}}$$

又 $2 < \frac{\sqrt{41}+6}{5} < 3$,所以有

$$\frac{\sqrt{41}+6}{5} = 2 + \frac{\sqrt{41}-4}{5} = 2 + \frac{1}{\frac{5}{\sqrt{41}-4}} =$$

$$2 + \cfrac{1}{\cfrac{\sqrt{41}+4}{5}}$$

又 $2 < \cfrac{\sqrt{41}+4}{5} < 3$,所以

$$\frac{\sqrt{41}+4}{5} = 2 + \frac{\sqrt{41}-6}{5} = 2 + \cfrac{1}{\cfrac{5}{\sqrt{41}-6}} =$$

$$2 + \cfrac{1}{\sqrt{41}+6}$$

又 $12 < \sqrt{41}+6 < 13$,所以

$$\sqrt{41}+6 = 12 + (\sqrt{41}-6) =$$

$$12 + \cfrac{1}{\cfrac{1}{\sqrt{41}-6}} = 12 + \cfrac{1}{\cfrac{\sqrt{41}+6}{5}}$$

最后的分式与前面第一个式子中的最后分式相同,所以就得到 $\sqrt{41}$ 的循环连分数表示式

$$\sqrt{41} = 6 + \cfrac{1}{2 + \cfrac{1}{2 + \cfrac{1}{12 + \cfrac{1}{2 + \cfrac{1}{2 + \cfrac{1}{12 + \cdots}}}}}} = [6, \dot{2}, 2, 1\dot{2}]$$

它的最初几个渐近分数是

$$\frac{p_1}{q_1} = 6, \frac{p_2}{q_2} = \frac{13}{2} = 6.5,$$

$$\frac{p_3}{q_3} = \frac{32}{5} = 6.4, \frac{p_4}{q_4} = \frac{397}{62} = 6.403\ 225\cdots,$$

$$\frac{p_5}{q_5} = \frac{826}{129} = 6.403\ 100\cdots,$$

$$\frac{p_6}{q_6} = \frac{2\ 049}{320} = 6.403\ 125\cdots.$$

由引理 5 可知

$$6.403\ 100 < \sqrt{41} < 6.403\ 125$$

4. 解:由引理 1 得到

$$\frac{p_1}{q_1} = \frac{3}{1}, \frac{p_2}{q_2} = \frac{3 \times 7 + 1}{7} = \frac{22}{7} = 3.142\ 857\ 14\cdots,$$

$$\frac{p_3}{q_3} = \frac{22 \times 15 + 3}{7 \times 15 + 1} = \frac{333}{106} = 3.141\ 509\ 433\cdots,$$

$$\frac{p_4}{q_4} = \frac{333 \times 1 + 22}{106 \times 1 + 7} = \frac{355}{113} = 3.141\ 592\ 920\cdots,$$

$$\frac{p_5}{q_5} = \frac{355 \times 292 + 333}{113 \times 292 + 106} = \frac{103\ 993}{33\ 102} = 3.141\ 592\ 653\ 011\cdots,$$

$$\frac{p_6}{q_6} = \frac{103\ 993 \times 1 + 355}{33\ 102 \times 1 + 113} = \frac{104\ 348}{33\ 215} = 3.141\ 592\ 653\ 921\cdots,$$

$$\frac{p_7}{q_7} = \frac{104\ 348 \times 1 + 103\ 993}{33\ 215 \times 1 + 33\ 102} = \frac{208\ 341}{66\ 317} = 3.141\ 592\ 653\ 46\cdots$$

所以
$$3.141\ 592\ 653\ 4 < \pi < 3.141\ 592\ 654\ 0$$

5. 证：因 $\frac{a}{|b|} = \frac{p_k}{q_k}$，由引理 2 得

$$aq_{k-1} - |b|p_{k-1} = (-1)^k$$

等式两边各乘以 $(-1)^k c$，得

$$a[(-1)^k cq_{k-1}] + |b|[(-1)^{k+1} cp_{k-1}] = c$$

即

$$a[(-1)^k cq_{k-1}] + b \cdot \frac{|b|}{b}[(-1)^{k+1} cp_{k-1}] = c$$

所以 (x_0, y_0) 是一组整数解．

6. (1) 解：把 $\frac{43}{15}$ 化成连分数，得

$$\frac{43}{15} = 2 + \cfrac{1}{1 + \cfrac{1}{6 + \cfrac{1}{2}}}$$

因此

$$k = 4, \frac{p_1}{q_1} = 2, \frac{p_2}{q_2} = 3, \frac{p_3}{q_3} = \frac{6 \times 3 + 2}{6 \times 1 + 1} = \frac{20}{7}$$

所以

$$\begin{cases} x_0 = (-1)^4 \times 8 \times 7 = 56 \\ y_0 = (-1)^5 \times 8 \times 20 = -160 \end{cases}$$

是一组特殊解．由第 3 章定理 1，它的一般解是

$$\begin{cases} x = 56 - 15t \\ y = -160 + 43t \end{cases} \quad (t = 0, \pm 1, \pm 2, \cdots)$$

(2) 解:把 $\dfrac{10}{37}$ 化成连分数得

$$\dfrac{10}{37} = \cfrac{1}{3 + \cfrac{1}{1 + \cfrac{1}{2 + \cfrac{1}{3}}}}$$

因此

$$k = 5 \quad \dfrac{p_1}{q_1} = \dfrac{0}{1}, \dfrac{p_2}{q_2} = \dfrac{1}{3}$$

$$\dfrac{p_3}{q_3} = \dfrac{1 \times 1 + 0}{1 \times 3 + 1} = \dfrac{1}{4}$$

$$\dfrac{p_4}{q_4} = \dfrac{2 \times 1 + 1}{2 \times 4 + 3} = \dfrac{3}{11}$$

$$\dfrac{p_5}{q_5} = \dfrac{3 \times 3 + 1}{3 \times 11 + 4} = \dfrac{10}{37}$$

所以

$$\begin{cases} x_0 = (-1)^5 \times 3 \times 11 = -33 \\ y_0 = (-1)^5 \times 3 \times 3 = -9 \end{cases}$$

是一组整数解. 它的一般解是

$$\begin{cases} x = -33 + 37t \\ y = -9 + 10t \end{cases} \quad (t = 0, \pm 1, \pm 2, \cdots)$$

7. (1) 证:设 $n = 2m + c, 0 \leqslant c \leqslant 1$, 则

$$\sum_{k=1}^{n} \left[\dfrac{k}{2}\right] = \sum_{k=1}^{2m+c} \dfrac{k}{2} - \sum_{k=1}^{2m+c} \left\{\dfrac{k}{2}\right\} =$$

$$\dfrac{1}{4}(2m+c)(2m+c+1) - \dfrac{1}{2}(m+c) =$$

$$\dfrac{1}{4}\{(2m+c)^2 + (2m+c) - 2(m+c)\} =$$

$$\dfrac{1}{4}\{4m^2 + 4mc + c^2 - c\} =$$

$$m^2 + mc$$

最后一步是由于 $c^2 = c$. 又

$$\left[\dfrac{n^2}{4}\right] = \left[\dfrac{(2m+c)^2}{4}\right] = \left[m^2 + mc + \dfrac{c^2}{4}\right] = m^2 + mc$$

(2) 证:设 $n = 3m + c, 0 \leq c \leq 2$,则

$$\sum_{k=1}^{n} \left[\frac{k}{3}\right] = \sum_{k=1}^{3m+c} \frac{k}{3} - \sum_{k=1}^{3m+c} \left\{\frac{k}{3}\right\} =$$

$$\frac{1}{3} \cdot \frac{1}{2}(3m+c)(3m+c+1) - m\left(\frac{1}{3} + \frac{2}{3}\right) - \Delta =$$

$$\frac{1}{6}\{(3m+c)^2 + (3m+c)\} - m - \Delta =$$

$$\frac{1}{6}\{9m^2 + 6mc - 3m + c^2 + c - 6\Delta\}$$

这里

$$\Delta = \begin{cases} 0, & c = 0 \\ \frac{1}{3}, & c = 1 \\ 1, & c = 2 \end{cases}$$

由此得

$$c^2 + c = 6\Delta$$

所以

$$\sum_{k=1}^{n} \left[\frac{k}{3}\right] = \frac{m}{2}(3m + 2c - 1)$$

而

$$\left[\frac{n(n-1)}{6}\right] = \left[\frac{(3m+c)(3m+c-1)}{6}\right] =$$

$$\left[\frac{(3m+c)^2 - (3m+c)}{6}\right] =$$

$$\left[\frac{9m^2 + 6mc - 3m + c^2 - c}{6}\right] =$$

$$\left[\frac{m}{2}(3m + 2c - 1) + \frac{c^2 - c}{6}\right]$$

由于 m 与 $3m + 2c - 1$ 必为一奇、一偶,故 $\frac{m}{2}(3m + 2c - 1)$ 是整数. 而 $\frac{c^2 - c}{6} < 1$,所以

$$\left[\frac{n(n-1)}{6}\right] = \frac{m}{2}(3m + 2c - 1)$$

(3) 证:设 $n = am + c, 0 \leq c < a$,则

$$\sum_{k=1}^{n} \left[\frac{k}{a}\right] = \sum_{k=1}^{am+c} \frac{k}{a} - \sum_{k=1}^{mn+c} \left\{\frac{k}{a}\right\} =$$

$$\sum_{k=1}^{am+c} \frac{k}{a} - m\sum_{k=1}^{a-1} \frac{k}{a} - \sum_{k=1}^{c} \frac{k}{a} =$$

$$\frac{1}{2a}(am+c)(am+c+1) - \frac{1}{2a}m(a-1)a - \frac{1}{2a}c(c+1) =$$

$$\frac{1}{2a}\{(am+c)^2 + (am+c) - ma(a-1) - c(c+1)\} =$$

$$\frac{1}{2a}\{(am+c)^2 + 2am - ma^2 - c^2\} =$$

$$\frac{1}{2a}\{(am+c)^2 + am(2-a) - c^2\} =$$

$$\frac{1}{8a}\{(2am+2c)^2 + 4am(2-a) - 4c^2\} =$$

$$\frac{1}{8a}\{[(2am+2c) + (2-a)]^2 - 4c(2-a) - (2-a)^2 - 4c^2\} =$$

$$\frac{1}{8a}\{(2n+2-a)^2 - (2c+2-a)^2\}$$

由于

$$(2c+2-a)^2 \leqslant \{2(a-1) + 2 - a\}^2 = a^2 < 8a$$

因此

$$\frac{(2c+2-a)^2}{8a} < 1$$

而

$$\sum_{k=1}^{n}\left[\frac{k}{a}\right]$$

是整数,故

$$\sum_{k=1}^{n}\left[\frac{k}{a}\right] = \left[\frac{(2n+2-a)^2}{8a}\right]$$

取 $b = 2 - a$ 就得到了证明.

8. 证明:设 $k^2 \leqslant n < (k+1)^2$, 及 $n = k^2 + l$, 则

$$0 \leqslant l < (k+1)^2 - k^2 = 2k+1$$

所以

$$\sqrt{4n+2} = \sqrt{4k^2 + 4l + 2} \leqslant$$
$$\sqrt{4k^2 + 8k + 2} < 2(k+1)$$

显然 $\sqrt{4n+2} > 2k$, 因此

$$2k \leqslant [\sqrt{4n+2}] \leqslant 2k+1$$

若 $\sqrt{4n+2} \geqslant 2k+1$, 则

$$\sqrt{4k^2 + 4l + 2} \geqslant \sqrt{4k^2 + 4k + 1}$$

即

$$4l + 2 \geq 4k + 1, 4l \geq 4k - 1$$

由于 l 是整数,因此 $l \geq k$.

所以
$$[\sqrt{4n+2}] = \begin{cases} 2k+1, & l \geq k \\ 2k, & l < k \end{cases}$$

而 $l < k$ 时
$$[\sqrt{n} + \sqrt{n+1}] \leq [\sqrt{k^2+k-1} + \sqrt{k^2+k}] <$$
$$\left[2\sqrt{k^2+k+\frac{1}{4}}\right] = 2k+1$$

显然
$$[\sqrt{n} + \sqrt{n+1}] \geq 2k$$

所以 $l < k$ 时
$$[\sqrt{n} + \sqrt{n+1}] = 2k$$

若 $l \geq k$,则
$$[\sqrt{n} + \sqrt{n+1}] \geq [\sqrt{k^2+k} + \sqrt{k^2+k+1}] \geq 2k+1$$

末一步是由于
$$(\sqrt{k^2+k} + \sqrt{k^2+k+1})^2 =$$
$$2k^2 + 2k + 1 + 2\sqrt{(k^2+k)(k^2+k+1)} > 2k^2 + 2k + 1 + 2(k^2+k) =$$
$$(2k+1)^2$$

又由 $n < (k+1)^2$ 可知
$$[\sqrt{n} + \sqrt{n+1}] \leq 2k+1$$

所以
$$[\sqrt{n} + \sqrt{n+1}] = 2k+1, l \geq k$$

由以上结果就证明了
$$[\sqrt{n} + \sqrt{n+1}] = [\sqrt{4n}+2]$$

9. 证:

$$\sum_{k=0}^{n-1} f\left(x + \frac{k}{n}\right) = \sum_{k=0}^{n-1} \left\{\left(x + \frac{k}{n} - \frac{1}{2}\right) - \left[x + \frac{k}{n}\right]\right\} =$$
$$n\left(x - \frac{1}{2}\right) + \frac{1}{n} \cdot \frac{1}{2} n(n-1) - \sum_{k=0}^{n-1} \left[x + \frac{k}{n}\right] =$$
$$nx - \frac{1}{2} - \sum_{k=0}^{n-1} \left[x + \frac{k}{n}\right]$$

由例 22 得

$$\sum_{k=0}^{n-1}\left[x+\frac{k}{n}\right]=[nx]$$

所以

$$\sum_{k=0}^{n-1}f\left(x+\frac{k}{n}\right)=nx-[nx]-\frac{1}{2}=f(nx)$$

10. 证：设 $n=p_1^{\alpha_1}p_2^{\alpha_2}\cdots p_m^{\alpha_m}$.

由引理 6 知

$$d(n)=(\alpha_1+1)(\alpha_2+1)\cdots(\alpha_m+1)$$

若 $d(n)$ 是奇数，则必须所有 $\alpha_i(1\leq i\leq m)$ 为偶数.

设

$$\alpha_i=2\beta_i,\quad 1\leq i\leq m$$

则

$$n=(p_1^{\beta_1}p_2^{\beta_2}\cdots p_m^{\beta_m})^2$$

所以 n 是平方数.

反之若 n 是平方数，设 $n=n_0^2$，n_0 是整数，则

$$n_0=p_1^{\alpha_1/2}p_2^{\alpha_2/2}\cdots p_m^{\alpha_m/2}$$

所以 $2\mid\alpha_i$，$1\leq i\leq m$. 即所有的 α_i+1 是奇数，因此 $d(n)$ 是奇数.

11. 证：设 $n=p_1^{\alpha_1}p_2^{\alpha_2}\cdots p_m^{\alpha_m}$. 若 $m=1$，则 $n=p_1^{\alpha_1}$. 它的所有因数是 $1,p_1,\cdots,p_1^{\alpha_1}$，因此

$$\prod_{t\mid n}t=\prod_{j=0}^{\alpha_1}p_1^j=p_1^{\frac{1}{2}\alpha_1(\alpha_1+1)}=(p_1^{\alpha_1})^{\frac{1}{2}(\alpha_1+1)}=n^{d(n)/2}$$

所以 $m=1$ 时命题成立. 现假设命题在 $m=k-1$ 时成立，即假设 $n_1=p_1^{\alpha_1}p_2^{\alpha_2}\cdots p_{k-1}^{\alpha_{k-1}}$ 时有

$$\prod_{t\mid n_1}t=n_1^{d(n_1)/2}$$

则当 $m=k$ 时，$n=p_1^{\alpha_1}p_2^{\alpha_2}\cdots p_k^{\alpha_k}=n_1p_k^{\alpha_k}$，它的因数是 n_1 的因数和 $p_k^{\alpha_k}$ 的因数的乘积. 所以由归纳法的假定得

$$\prod_{t\mid n}t=\prod_{t_1\mid n_1}\prod_{t_2\mid p_k^{\alpha_k}}t_1t_2=\prod_{t_1\mid n_1}t_1^{d(p_k^{\alpha_k})}\cdot(p_k^{\alpha_k})^{d(p_k^{\alpha_k})/2}=$$

$$\{n_1^{d(n_1)/2}\}^{d(p_k^{\alpha_k})}\cdot\{p_k^{\alpha_k}\}^{d(n_1)d(p_k^{\alpha_k})/2}=$$

$$\{n_1p_k^{\alpha_k}\}^{d(n_k)d(p_k^{\alpha_k})/2}$$

因 $(n_1,p_k^{\alpha_k})=1$，由引理 7 得 $d(n)=d(n_1)d(p_k^{\alpha_k})$，所以

$$\prod_{t\mid n}t=n^{d(n)/2}$$

12. 证：由 $\mu(n)$ 的定义可得

$$\mu^2(n) = \begin{cases} 1, & n \text{ 不含平方因子} \\ 0, & n \text{ 含有平方因子} \end{cases}$$

当 n 不含平方因子时 $\sum_{d^2|n}\mu(d)=\mu(1)=1$. n 含有平方因子时,设 $n=n_0^2 m, n_0>1$, m 不含平方因子,则

$$\sum_{d^2|n}\mu(d) = \sum_{d^2|n}\mu(d) = 0$$

13. 证:由假设条件

$$\sum_{d|n} F\left(\frac{n}{d}\right)\mu(d) = \sum_{d|n}\mu(d)\sum_{c|\frac{n}{d}}f(c) =$$

$$\sum_{cd|n}\mu(d)f(c) = \sum_{c|n}f(c)\sum_{d|\frac{n}{c}}\mu(d)$$

而

$$\sum_{d|\frac{n}{c}}\mu(d) = \begin{cases} 1, & \text{当 } c=n \\ 0, & \text{其他情形} \end{cases}$$

所以

$$\sum_{d|n} F\left(\frac{n}{d}\right)\mu(d) = f(n)$$

用类似的方法可证明其逆亦成立.

14. 设 $n = p_1^{\alpha_1} p_2^{\alpha_2} \cdots p_k^{\alpha_k}$.

(1) 证:

$$\sum_{d|p_s^{\alpha_s}}\varphi(d) = \varphi(1)+\varphi(p_s)+\varphi(p_t^2)+\cdots+\varphi(p_s^{\alpha_s}) =$$

$$1+(p_s-1)+(p_s^2-p_s)+\cdots+(p_s^{\alpha_s}-p_s^{\alpha_s-1}) = p_s^{\alpha_s}$$

$$\sum_{d|n}\varphi(d) = \sum_{d_1|p_1^{\alpha_1}}\cdots\sum_{d_k|p_k^{\alpha_k}}\varphi(d_1\cdots d_k) =$$

$$\sum_{d_1|p_1^{\alpha_1}}\varphi(d_1)\sum_{d_2|p_2^{\alpha_2}}\varphi(d_2)\cdots\sum_{d_k|p_k^{\alpha_k}}\varphi(d_k) =$$

$$p_1^{\alpha_1} p_2^{\alpha_2} \cdots p_k^{\alpha_k} = n$$

(2) 证:上题中取 $f(d)=\varphi(d)$, $F(n)=n$,则由上题的结论和本题的(1)就得到了证明.

15. 证:设 N 是偶完全数,可写成 $N=2^{n-1}b, n>1, b$ 是奇数. 由引理 11 和引理 9 得

$$\sigma(N) = \sigma(2^{n-1})\sigma(b) = (2^n-1)\sigma(b)$$

由于 N 是完全数,故

$$\sigma(N) = 2N = 2^n b$$

所以

$$2^n b = (2^n - 1)\sigma(b)$$

即
$$\frac{b}{\sigma(b)} = \frac{2^n - 1}{2^n}$$

等式右边是既约分数,因此有
$$b = (2^n - 1)c, \sigma(b) = 2^n c, c \text{ 是整数}$$

若 $c > 1$,则 b 的因数包含 $1, b, 2^n - 1, c$,所以
$$\sigma(b) \geqslant 1 + b + 2^n - 1 + c = (2^n - 1)c + 2^n + c = 2^n(c + 1)$$

但
$$\sigma(b) = 2^n c < 2^n(c + 1)$$

因而产生矛盾. 于是 $c = 1$,所以 $b = 2^n - 1$
$$N = 2^{n-1}(2^n - 1), \sigma(b) = 2^n$$

即 $\sigma(2^n - 1) = 2^n$. 假若 $2^n - 1$ 不是素数,则 $2^n - 1$ 的因数除了 $2^n - 1$ 和 1 外,还有别的因数存在,则必有 $\sigma(2^n - 1) > 2^n$,这与 $\sigma(2^n - 1) = 2^n$ 矛盾,所以 $2^n - 1$ 是素数.

16. 证明:以 $(0,0), \left(0, \frac{1}{2}q\right), \left(\frac{1}{2}p, 0\right), \left(\frac{1}{2}p, \frac{1}{2}q\right)$ 为顶点作长方形.

假若对角线上有整点(二坐标都是整数),则由比例关系得到 $k\frac{q}{p}$ 为整数,即 $p \mid k$. 这时点在长方形之外了,所以长方形之外了,所以长方形内的对角线上无整点. 因为 p, q 是奇数,不大于 $\frac{p}{2}, \frac{q}{2}$ 的最大整数分别是 $\frac{p-1}{2}, \frac{q-1}{2}$,所以长方形内的整点总数是 $\frac{p-1}{2} \cdot \frac{q-1}{2}$.

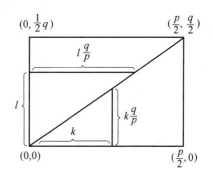

16 题图

对角线下的三角形内的整点数显然是
$$\sum_{k=1}^{\frac{1}{2}(p-1)} \left[\frac{kq}{p}\right] = \sum_{0 < k < \frac{p}{2}} \left[\frac{q}{p}k\right]$$

对角线上的三角形内的整点数是
$$\sum_{l=1}^{\frac{1}{2}(q-1)} \left[l\frac{p}{q}\right] = \sum_{0 < l < \frac{q}{2}} \left[\frac{q}{p}l\right]$$

所以
$$\sum_{0<l<\frac{q}{2}}\left[\frac{q}{p}l\right] + \sum_{0<k<\frac{p}{2}}\left[\frac{q}{p}k\right] = \frac{p-1}{2} \cdot \frac{q-1}{2}$$

第 8 章

1. (1) 解:
$$-4x + 8yi + 7 = 2x - 3yi + 7i$$

移项
$$-6x + 11yi = -7 + 7i$$

所以
$$x = \frac{7}{6}, \quad y = \frac{7}{11}$$

(2) 解:
$$x + yi = \sqrt{a + bi}$$

两边平方得
$$x^2 - y^2 + 2xyi = a + bi$$

所以
$$\begin{cases} x^2 - y^2 = a & (1) \\ 2xy = b & (2) \end{cases}$$

将两式分别平方后再相加得
$$(x^2 - y^2)^2 + 4x^2y^2 = a^2 + b^2$$

即
$$(x^2 + y^2)^2 = a^2 + b^2$$
$$x^2 + y^2 = \sqrt{a^2 + b^2} \tag{3}$$

由式(1),(3)解出
$$x^2 = \frac{\sqrt{a^2+b^2}+a}{2}, \quad y^2 = \frac{\sqrt{a^2+b^2}-a}{2}$$

所以
$$x = \pm\sqrt{\frac{\sqrt{a^2+b^2}+a}{2}}, \quad y = \pm\sqrt{\frac{\sqrt{a^2+b^2}-a}{2}}$$

由式(2)可知,$b > 0$ 时,x, y 取同号,而 $b < 0$ 时,x, y 取异号.

2. 证:设 $z_1 = a + bi, z_2 = c + di,$ 则

$$|z_1 - z_2|^2 - (|z_1| - |z_2|)^2 =$$
$$(a-c)^2 + (b-d)^2 - (\sqrt{a^2+b^2} - \sqrt{c^2+d^2})^2 =$$
$$2(-ac - bd + \sqrt{a^2+b^2} \cdot \sqrt{c^2+d^2})$$

由于
$$(a^2+b^2)(c^2+d^2) - (ac+bd)^2 = (bc-ad)^2 \geqslant 0$$

所以
$$\sqrt{a^2+b^2} \cdot \sqrt{c^2+d^2} \geqslant |ac+bd|$$

因此得到
$$|z_1 - z_2|^2 - (|z_1| - |z_2|)^2 \geqslant 0$$
$$|z_1 - z_2| > ||z_1| - |z_2||$$

3. 解:设 α 是 27 的立方根,所以
$$\alpha^3 = 27 = 27 e^{2k\pi i}$$
$$\alpha = 3 e^{\frac{2k\pi}{3}i}$$

当 k 取所有整数时只有三个不同的根:
$$\alpha_1 = 3, \alpha_2 = 3 e^{\frac{2\pi}{3}i} = 3(\cos 120° + i\sin 120°)$$
$$\alpha_3 = 3 e^{\frac{3\pi}{3}i} = 3(\cos 240° + i\sin 240°)$$

4. (1) 证:由引理 2 和式(24)得
$$e^{3\pi i} = (e^{\alpha i})^3 = (\cos\alpha + i\sin\alpha)^3 =$$
$$\cos^3\alpha + 3\cos^2\alpha(i\sin\alpha) + 3\cos\alpha(i\sin\alpha)^2 + (i\sin\alpha)^3 =$$
$$(\cos^3\alpha - 3\cos\alpha\sin^2\alpha) + i(3\cos^2\alpha\sin\alpha - \sin^3\alpha)$$

而由定义
$$e^{3\alpha i} = \cos 3\alpha + i\sin 3\alpha$$

分别由实部相等和虚部相等得到
$$\sin 3\alpha = 3\cos^2\alpha\sin\alpha - \sin^3\alpha =$$
$$3(1 - \sin^2\alpha)\sin\alpha - \sin^3\alpha =$$
$$3\sin\alpha - 4\sin^3\alpha$$
$$\cos 3\alpha = \cos^3\alpha - 3\cos\alpha\sin^2\alpha =$$
$$\cos^3\alpha - 3\cos\alpha(1 - \cos^2\alpha) =$$
$$4\cos^3\alpha - 3\cos\alpha$$

(2) 证:由引理 2
$$e^{4\alpha i} = (e^{\alpha i})^4 = [(\cos\alpha + i\sin\alpha)^2]^2 =$$
$$(\cos^2\alpha - \sin^2\alpha + 2i\sin\alpha\cos\alpha)^2 =$$
$$(\cos^2\alpha - \sin^2\alpha)^2 - 4\sin^2\alpha\cos^2\alpha +$$
$$4i\sin\alpha\cos\alpha(\cos^2\alpha - \sin^2\alpha) =$$

$$\cos^4\alpha - 6\sin^2\alpha\cos^2\alpha + \sin^4\alpha +$$
$$i(4\sin\alpha\cos^3\alpha - 4\sin^3\alpha\cos\alpha)$$

而
$$e^{4\alpha i} = \cos 4\alpha + i\sin 4\alpha$$

上两式的实部和虚部分别相等就得到了证明.

(3) 证:由定义
$$e^{i\alpha} = \cos\alpha + i\sin\alpha$$
$$e^{-i\alpha} = \cos(-\alpha) + i\sin(-\alpha) = \cos\alpha - i\sin\alpha$$

所以
$$\cos\alpha = \frac{e^{i\alpha} + e^{-i\alpha}}{2}$$

$$\cos^4\alpha = \left(\frac{e^{i\alpha} + e^{-i\alpha}}{2}\right)^4 = \frac{1}{16}[(e^{i\alpha} + e^{-i\alpha})^2]^2 =$$
$$\frac{1}{16}[e^{2i\alpha} + e^{-2i\alpha} + 2]^2 =$$
$$\frac{1}{16}[(e^{2i\alpha} + e^{-2i\alpha})^2 + 4(e^{2i\alpha} + e^{-2i\alpha}) + 4] =$$
$$\frac{1}{8}\left(\frac{e^{4i\alpha} + e^{-4i\alpha}}{2} + 4\frac{e^{2i\alpha} + e^{-2i\alpha}}{2} + 3\right) =$$
$$\frac{1}{8}(\cos 4\alpha + 4\cos 2\alpha + 3)$$

(4) 证:由(3)类似地可得到
$$\sin\alpha = \frac{e^{i\alpha} - e^{-i\alpha}}{2i}$$

所以
$$\sin^3\alpha = \left(\frac{e^{i\alpha} - e^{-i\alpha}}{2i}\right)^3 =$$
$$\frac{e^{3i\alpha} - 3(e^{i\alpha})^2(e^{-i\alpha}) + 3e^{i\alpha}(e^{-i\alpha})^2 - (e^{-i\alpha})^3}{(2i)^3} =$$
$$-\frac{1}{4}\left(\frac{e^{3i\alpha} - e^{-3i\alpha}}{2i} - 3\frac{e^{i\alpha} - e^{-i\alpha}}{2i}\right) =$$
$$-\frac{1}{4}(\sin 3\alpha - 3\sin\alpha)$$

5. (1) 证:由式(19)中取 $\beta = \alpha$ 以及由式(20)得
$$\cos 2\alpha = \cos^2\alpha - \sin^2\alpha = 1 - 2\sin^2\alpha$$

所以
$$\sin^2\alpha = \frac{1 - \cos 2\alpha}{2}$$

同样
$$\sin^2 2\alpha = \frac{1-\cos 4\alpha}{2}$$
$$\sin^2 3\alpha = \frac{1-\cos 6\alpha}{2}$$

各式相加得
$$\sum_{k=1}^{n}\sin^2 k\alpha = \sum_{k=1}^{n}\frac{1-\cos 2k\alpha}{2} = \frac{n}{2} - \frac{1}{2}\sum_{k=1}^{n}\cos 2k\alpha$$

在式(39)中取 $\theta = 2\alpha$ 得
$$\sum_{k=1}^{n}\cos 2k\alpha = \frac{\sin n\alpha}{\sin \alpha}\cos(n+1)\alpha$$

所以
$$\sum_{k=1}^{n}\sin^2 k\alpha = \frac{1}{2}\left\{n - \frac{\sin n\alpha}{\sin \alpha}\cos(n+1)\alpha\right\} =$$
$$\frac{1}{2}\left\{n - \frac{1}{\sin \alpha}[\sin(2n+1)\alpha - \cos n\alpha \sin(n+1)\alpha]\right\} =$$
$$\frac{1}{2}\left\{n - \frac{1}{\sin \alpha}[\sin(2n+1)\alpha - \cos n\alpha(\sin n\alpha \cos \alpha + \sin \alpha \cos n\alpha)]\right\} =$$
$$\frac{1}{2}\left\{n - \frac{1}{\sin \alpha}\left[\sin(2n+1)\alpha - \frac{1}{2}\sin 2n\alpha \cos \alpha - \sin \alpha \frac{\cos 2n\alpha + 1}{2}\right]\right\} =$$
$$\frac{1}{2}\left\{n - \frac{1}{\sin \alpha}\left[\frac{1}{2}\sin(2n+1)\alpha - \frac{1}{2}\sin \alpha\right]\right\} =$$
$$\frac{1}{4\sin \alpha}[(2n+1)\sin \alpha - \sin(2n+1)\alpha]$$

(2) 证:由第4题(1)得
$$\cos^3 \alpha = \frac{1}{4}(3\cos \alpha + \cos 3\alpha)$$

将 α 换成 $k\alpha$ 就得到
$$\cos^3 k\alpha = \frac{1}{4}(3\cos k\alpha + \cos 3k\alpha)$$

对 $k=1,2,\cdots,n$ 求和得
$$\sum_{k=1}^{n}\cos^3 k\alpha = \frac{1}{4}\left[3\sum_{k=1}^{n}\cos k\alpha + \sum_{k=1}^{n}\cos 3k\alpha\right]$$

由式(39)得到
$$\sum_{k=1}^{n}\cos k\alpha = \frac{\sin \frac{n\alpha}{2}}{\sin \frac{\alpha}{2}}\cos \frac{(n+1)\alpha}{2}$$

将 α 换以 3α 得

$$\sum_{k=1}^{n} \cos 3k\alpha = \frac{\sin\frac{3n\alpha}{2}}{\sin\frac{3\alpha}{2}} \cos\frac{3(n+1)\alpha}{2}$$

所以

$$\sum_{k=1}^{n} \cos^2 k\alpha = \frac{1}{4}\left[\frac{3\sin\frac{n\alpha}{2}}{\sin\frac{\alpha}{2}}\cos\frac{(n+1)\alpha}{2} + \frac{\sin\frac{3n\alpha}{2}}{\sin\frac{3\alpha}{2}}\cos\frac{3(n+1)\alpha}{2}\right]$$

6. 证：

$$\frac{1+\sin\theta+\mathrm{i}\cos\theta}{1+\sin\theta-\mathrm{i}\cos\theta} = \frac{(1+\sin\theta+\mathrm{i}\cos\theta)^2}{(1+\sin\theta)^2+\cos^2\theta} =$$

$$\frac{(1+\sin\theta)^2-\cos^2\theta+2\mathrm{i}(1+\sin\theta)\cos\theta}{1+2\sin\theta+\sin^2\theta+\cos^2\theta} =$$

$$\frac{1+2\sin\theta+\sin^2\theta-(1-\sin^2\theta)+2\mathrm{i}(1+\sin\theta)\cos\theta}{2(1+\sin\theta)} =$$

$$\frac{2\sin\theta(1+\sin\theta)+\mathrm{i}2(1+\sin\theta)\cos\theta}{2(1+\sin\theta)} =$$

$$\sin\theta + \mathrm{i}\cos\theta$$

在上式中取 $\theta = \frac{\pi}{5}$, 得

$$\frac{1+\sin\frac{\pi}{5}+\mathrm{i}\cos\frac{\pi}{5}}{1+\sin\frac{\pi}{5}-\mathrm{i}\cos\frac{\pi}{5}} = \sin\frac{\pi}{5}+\mathrm{i}\cos\frac{\pi}{5}$$

两边取五次方，并由本章例 8 得

$$\frac{\left(1+\sin\frac{\pi}{5}+\mathrm{i}\cos\frac{\pi}{5}\right)^5}{\left(1+\sin\frac{\pi}{5}-\mathrm{i}\cos\frac{\pi}{5}\right)^5} = \left(\sin\frac{\pi}{5}+\mathrm{i}\cos\frac{\pi}{5}\right)^5 =$$

$$\mathrm{e}^{\mathrm{i}5\left(\frac{\pi}{2}-\frac{\pi}{5}\right)} = \mathrm{e}^{\mathrm{i}\frac{3}{2}\pi} =$$

$$\cos\frac{3}{2}\pi + \mathrm{i}\sin\frac{3}{2}\pi = -\mathrm{i}$$

所以

$$\left(1+\sin\frac{\pi}{5}+\mathrm{i}\cos\frac{\pi}{5}\right)^5 + \mathrm{i}\left(1+\sin\frac{\pi}{5}-\mathrm{i}\cos\frac{\pi}{5}\right)^5 = 0$$

7. 解：作复数 $A_n + \mathrm{i}B_n$.

$$A_n + \mathrm{i}B_n = 1 + r(\cos\theta + \mathrm{i}\sin\theta) + r^2(\cos 2\theta + \mathrm{i}\sin 2\theta) + \cdots +$$

$$r^{n-1}[\cos(n-1)\theta + i\sin(n-1)\theta] =$$
$$1 + re^{i\theta} + r^2 e^{i2\theta} + \cdots + r^{n-1} e^{i(n-1)\theta}$$

令 $z = re^{i\theta}$, 并由引理 3 得

$$A_n + iB_n = 1 + z + z^2 + \cdots + z^{n-1} = \frac{1-z^n}{1-z} =$$

$$\frac{1 - r^n e^{in\theta}}{1 - re^{i\theta}} = \frac{(1 - r^n e^{in\theta})(1 - re^{-i\theta})}{(1 - re^{i\theta})(1 - re^{-i\theta})} =$$

$$\frac{1 - re^{-i\theta} - r^n e^{in\theta} + r^{n+1} e^{i(n-1)\theta}}{1 - r(e^{i\theta} + e^{-i\theta}) + r^2} =$$

$$\frac{1 - r\cos\theta - r^n \cos n\theta + r^{n+1}\cos(n-1)\theta}{1 - 2r\cos\theta + r^2} +$$

$$\frac{r\sin\theta - r^n \sin n\theta + r^{n+1}\sin(n-1)\theta}{1 - 2r\cos\theta + r^2} i$$

比较实数部分和虚数部分可得

$$A_n = \frac{1 - r\cos\theta - r^n\cos n\theta + r^{n+1}\cos(n-1)\theta}{1 - 2r\cos\theta + r^2}$$

$$B_n = \frac{r\sin\theta - r^n\sin n\theta + r^{n+1}\sin(n-1)\theta}{1 - 2r\cos\theta + r^2}$$

8. 证:在上一题中取 $r = \cos\theta$,由于 $\theta \neq m\pi$,所以 $|r| < 1$,当 $n \to \infty$ 时, $r^n \to 0, r^{n+1} \to 0$,因此 $r^n\cos n\theta \to 0, r^{n+1}\cos(n-1)\theta \to 0$. 由上题的结果,当 $n \to \infty$ 时

$$A_n = \frac{1 - \cos^2\theta}{1 - 2\cos^2\theta + \cos^2\theta} = 1$$

而由 A_n 的定义,当 $n \to \infty$ 时

$$A_n = 1 + \sum_{k=1}^{\infty} r^k \cos k\theta = 1 + \sum_{k=1}^{\infty} \cos^k\theta \cos k\theta$$

所以

$$\sum_{k=1}^{\infty} \cos^k\theta \cos k\theta = 0$$

若 $\cos\theta \neq 0$,则上式两边同除以 $\cos\theta$,得到

$$\sum_{k=1}^{\infty} \cos^{k-1}\theta \cos k\theta = 0$$

若 $\cos\theta = 0$,则由于

$$\sum_{k=1}^{\infty} \cos^{k-1}\theta \cos k\theta$$

中每项都有因子 $\cos\theta$,所以每项都是 0,结果显然成立.

9. 证:

$$\text{左边} = \sum_{k=1}^{n}[\cos(4k-3)\alpha + \sin(4k-1)\alpha] =$$

$$\sum_{k=0}^{n-1}\cos(4k+1)\alpha + \sum_{k=0}^{n-1}\sin(4k+3)\alpha$$

在式(37)中令 $\theta = \alpha, \varphi = 4\alpha$，得

$$\sum_{k=0}^{n-1}\cos(4k+1)\alpha = \frac{\sin 2n\alpha}{\sin 2\alpha}\cos(2n-1)\alpha$$

在式(38)中令 $\theta = 3\alpha, \varphi = 4\alpha$，得

$$\sum_{k=0}^{n-1}\sin(4k+3)\alpha = \frac{\sin 2n\alpha}{\sin 2\alpha}\sin(2n+1)\alpha$$

而上两式成立的条件 $\left\{\dfrac{\varphi}{2\pi}\right\} \neq 0$，相当于 $\alpha \neq \dfrac{k}{2}\pi$，所以

$$\cos\alpha + \sin 3\alpha + \cos 5\alpha + \sin 7\alpha + \cdots + \sin(4n-1)\alpha =$$

$$\frac{\sin 2n\alpha}{\sin 2\alpha}[\cos(2n-1)\alpha + \sin(2n+1)\alpha] =$$

$$\frac{\sin 2n\alpha}{\sin 2\alpha}[\cos 2n\alpha\cos\alpha + \sin 2n\alpha\sin\alpha + \sin 2n\alpha\cos\alpha + \cos 2n\alpha\sin\alpha] =$$

$$\frac{\sin 2n\alpha}{\sin 2\alpha}(\cos 2n\alpha + \sin 2n\alpha)(\cos\alpha + \sin\alpha)$$

10. 证：$\left\{\dfrac{\theta}{\pi}\right\} = 0$ 时显然成立，$\left\{\dfrac{\theta}{\pi}\right\} \neq 0$ 时由式(41),(42)得

$$\sin\alpha + \sin 3\alpha + \cdots + \sin(2n-1)\alpha = \frac{\sin n\alpha}{\sin\alpha}\sin n\alpha$$

$$\cos\alpha + \cos 3\alpha + \cdots + \cos(2n-1)\alpha = \frac{\sin n\alpha}{\sin\alpha}\cos n\alpha$$

两式相除就得到

$$\tan n\alpha = \frac{\sin\alpha + \sin 3\alpha + \cdots + \sin(2n-1)\alpha}{\cos\alpha + \cos 3\alpha + \cdots + \cos(2n-1)\alpha}$$

11. 证明：设 $m = p_1^{\alpha_1}p_2^{\alpha_2}\cdots p_n^{\alpha_n}, m_s = p_s^{\alpha_s}, 1 \leq s \leq n$，定义 $M_s = \dfrac{m}{m_s}$. 又设 $\xi_1, \xi_2, \cdots, \xi_n$ 分别通过与模 $m_1, m_2, \cdots, m_k$ 互素的剩余系. 由第5章的习题可知 $\xi_1 M_1 + \xi_2 M_2 + \cdots + \xi_n M_k$ 通过与模 m 互素的剩余系，所以

$$\sum_{\xi_1,\cdots,\xi_n}\left\{\frac{\xi_1}{m_1} + \frac{\xi_2}{m_2} + \cdots + \frac{\xi_n}{m_n}\right\} =$$

$$\sum_{\xi_1,\cdots,\xi_n}\left\{\frac{\xi_1 M_1 + \xi_2 M_2 + \cdots + \xi_k M_k}{m}\right\} = \sum_{\xi}\left\{\frac{\xi}{m}\right\}$$

$$\sum_{\xi}e^{2\pi i\frac{\xi}{m}} = \sum_{\xi}e^{2\pi i\left\{\frac{\xi}{m}\right\} + 2\pi i\left[\frac{\xi}{m}\right]} = \sum_{\xi}e^{2\pi i\left\{\frac{\xi}{m}\right\}} =$$

$$\sum_{\xi_1} e^{2\pi i \{\frac{\xi_1}{m_1}\}} \sum_{\xi_2} e^{2\pi i \{\frac{\xi_2}{m_2}\}} \cdots \sum_{\xi_n} e^{2\pi i \{\frac{\xi_n}{m_n}\}}$$

若 m 不含有平方因子,则 $\alpha_s = 1, 1 \leqslant s \leqslant n$.

$$\sum_{\xi_s} e^{2\pi i\{\frac{\xi_s}{m_s}\}} = \sum_{\xi_s=1}^{p_s-1} e^{2\pi i\{\frac{\xi_s}{p_s}\}} = \sum_{\xi_s=1}^{p_s} e^{2\pi i\{\frac{\xi_s}{p_s}\}} - 1 = -1$$

所以

$$\sum_{\xi} e^{2\pi i \frac{\xi}{m}} = (-1)^n$$

若 m 含有平方因子,则至少有一个 $\alpha_s > 1$,这时令 $m_s = p_i m'_s$,在 $1, 2, \cdots, p_s^{\alpha_s}$ 中只有 $kp_s, k=1,2,\cdots, p_s^{m_s-1}$ 与 $p_s^{m_s}$ 不互素,所以由引理 5

$$\sum_{\xi_s} e^{2\pi i\{\frac{\xi_s}{m_s}\}} = \sum_{\xi_s=1}^{p_s^{\alpha_s}} e^{2\pi i \frac{\xi_s}{p_s^{\alpha_s}}} - \sum_{k=1}^{p_s^{\alpha_s-1}} e^{2\pi i \frac{kp_s}{p_s^{\alpha_s}}} =$$

$$\sum_{\xi_s=1}^{p_s^{\alpha_s}} e^{2\pi i \frac{\xi_s}{p_s^{\alpha_s}}} - \sum_{k=1}^{p_s^{\alpha_s-1}} e^{2\pi i \frac{k}{p_s^{\alpha_s-1}}} = 0$$

因此由 $\mu(m)$ 的定义得到

$$\mu(m) = \sum_{\xi} e^{2\pi i \frac{\xi}{m}}$$

12. 证:由于 $(2A, m) = 1$,由第 4 章引理 2 知同余式 $2Ax' \equiv a \pmod{m}$ 有解 x',所以

$$\left| \sum_{x=0}^{m-1} e^{2\pi i \frac{Ax^2+Ax}{m}} \right| = \left| \sum_{x=0}^{m-1} e^{2\pi i \frac{Ax^2+Ax'x}{m}} \right| =$$

$$\left| \sum_{x=0}^{m-1} e^{2\pi i \frac{Ax^2+2Ax'x}{m}} \right| \cdot \left| e^{2\pi i \frac{Ax'^2}{m}} \right| =$$

$$\left| \sum_{x=0}^{m-1} e^{2\pi i \frac{A(x+x')^2}{m}} \right| = \left| \sum_{x=x'}^{m+x'-1} e^{2\pi i \frac{Ax^2}{m}} \right| =$$

$$\left| \sum_{x=x'}^{m-1} e^{2\pi i \frac{Ax^2}{m}} + \sum_{x=m}^{m+x'-1} e^{2\pi i \frac{Ax^2}{m}} \right| =$$

$$\left| \sum_{x=x'}^{m-1} e^{2\pi i \frac{Ax^2}{m}} + \sum_{x=0}^{x'-1} e^{2\pi i \frac{Ax^2}{m}} \right| =$$

$$\left| \sum_{x=0}^{m-1} e^{2\pi i \frac{Ax^2}{m}} \right| = S(A, m)$$

由 $(2A, m) = 1$ 可知 m 是奇数,因而由引理 9 可知

$$S(A, m) = \sqrt{m}$$

13. 证:

$$S(nm', m) S(nm, m') = \left(\sum_{x=0}^{m-1} e^{2\pi i \frac{nm'x^2}{m}} \right) \left(\sum_{x'=0}^{m-1} e^{2\pi i \frac{nmx'^2}{m'}} \right) =$$

$$\sum_{x=0}^{m-1} \sum_{x'=0}^{m'-1} e^{2\pi i\left(\frac{nm'x^2}{m} + \frac{nmx'^2}{m'}\right)} =$$

$$\sum_{x=0}^{m-1} \sum_{x'=0}^{m'-1} e^{2\pi i \frac{n(m'^2 x^2 + m^2 x'^2)}{mm'}}$$

由第 5 章习题 1 可知当 x, x' 分别通过模 m, m' 的完全剩余系时，$N = m'x + mx'$ 就通过模 mm' 的完全剩余系，且

$$nN^2 = n(m'x + mx')^2 \equiv n(m'^2 x^2 + m^2 x'^2) \pmod{mm'}$$

因此

$$S(nm', m) S(nm, m') = \sum_{N=0}^{mm'-1} e^{2\pi i \frac{nN^2}{mm'}} = S(n, mm')$$

14．(1) 证：

$$C_q(m) C_{q'}(m) = \sum_h e^{2\pi i \frac{hm}{q}} \cdot \sum_{h'} e^{2\pi i \frac{h'm}{q'}} =$$

$$\sum_h \sum_{h'} e^{2\pi i m \left(\frac{h}{q} + \frac{h'}{q'}\right)} =$$

$$\sum_h \sum_{h'} e^{2\pi i m \left(\frac{hq' + h'q}{qq'}\right)}$$

由第 5 章习题 7 可知当 h, h' 分别通过与模 q, q' 互素的剩余系时，$N = hq' + h'q$ 通过与模 qq' 互素的剩余系，所以

$$C_q(m) C_{q'}(m) = \sum_h e^{2\pi i \frac{mN}{qq'}} = C_{qq'}(m)$$

(2) 证：由定义

$$\sum_{d \mid q} C_d(m) = \sum_{d \mid q} \sum_k e^{2\pi i \frac{hm}{d}} = \sum_{d \mid q} \sum_k e^{2\pi i \frac{kd'm}{q}}$$

这里 $q = dd'$，k 通过与模 d 互素的剩余系．上式右边的项数总共有 $\sum_{d \mid q} \varphi(d) = q$ 项（第 7 章 14 题）．设 $h = kd' = k \frac{q}{d}$．下面证明这 q 项中的 h 对模 q 两两不同余，设若

$$h_1 \equiv h_1 \pmod{q}$$

即

$$k_1 \frac{q_1}{d_1} \equiv k_2 \frac{q}{d_2} \pmod{q}$$

所以

$$k_1 d_2 \equiv k_2 d_1 \pmod{d_1 d_2}$$

由于

$$(k_1, d_1) = 1, (k_2, d_2) = 1$$

因而有

$$d_1 = d_2, k_1 = k_2, h_1 = h_2$$

因此 h 通过模 q 的完全剩余系, 所以
$$\sum_{d \mid q} C_d(m) = \sum_h e^{2\pi i \frac{hm}{q}} = f(q)$$
由引理 18 得到
$$f(q) = \sum_{h=0}^{q-1} e^{2\pi i \frac{mh}{q}} = \begin{cases} q, & \text{当 } q \mid m \\ 0, & \text{当 } q \nmid m \end{cases}$$
由上面两式及第 7 章 13 题立即得到
$$C_q = \sum_{d \mid q} \mu(d) f\left(\frac{q}{d}\right) = \sum_{d \mid q} \mu\left(\frac{q}{d}\right) f(d) = \sum_{d \mid q, d \mid m} \mu\left(\frac{q}{d}\right) d$$
当 $m = 1$ 时得到
$$C_q(1) = \mu(q)$$
于是得到了 11 题的又一证明.

学习景润好榜样

◎ 编辑手记

有些人死了,但他还活着,有些人活着,但他已经死了.陈景润先生虽然离开我们已经有17年了.但他仍不时的出现在大家的文字和记忆中.

《新民周刊》主笔苗炜先生在写一篇怀念乔布斯的文章时提到了一段往事.

"我是在1983年秋天用上苹果Ⅱ型的,我那所高中以理科教育闻名,组织了一次数学考试,优胜者可以学计算机,……

当时是学Basic语言,我在计算机上干出的第一件有成就感的事情就是用一个小程序检验'哥德巴赫猜想'到10万的时候是否成立,……"

陈景润生前所在的单位中国科学院为了纪念他还设立了一项"陈景润未来之星"的项目,以支持35岁以下的优秀人才,已有16名年青学者入选.

最近其中一位年轻的中国数学家孙斌勇与朱程波合作证明了上世纪80年代提出的典型群重数猜想在阿基米德域情形上成立.这是L-函数研究中的基本问题之一. 2007年Aizenbud Gourevitch, Rallis Schiffmann合作证明了该猜想在非阿基米德域情形成立.而孙斌勇的成功离不开中科院的"陈景润未来之星"计划.无独有偶,另外一位获得了国际声誉的青年数学家袁巍则是在研究一类结构丰富的算子代数时首次揭示了连续几何与古典几何的某种深刻联系,而袁巍也表示说他的成长历程离不开"陈景润未来之星"计划.

一、有一种优秀叫卓越

陈景润先生的声誉是伴随着一位德国人哥德巴赫(Goldbach Christian)而传遍神州大地的.哥德巴赫在我国读者心目中一直是位业余数学家,还有资料记载他是德国驻俄国的公使,其实哥德巴赫是一位牧师的儿子,曾在柯尼斯堡大学学习医学和数学.1710年他像当时许多有条件的人一样周游欧洲来增长阅历;1725年他定居俄国,成为圣彼得堡帝国科学院的数学教授;1728年担任了早逝的彼得二世(彼得大帝的孙子)的官廷教师.

哥德巴赫之所以在数学上负有盛名,是由于他在1742年给欧拉的一封信中提到的"哥德巴赫猜想".

阿西莫夫评价说:这样简单、显然正确的事实,为什么不能证明呢?这是数学家们所受到的挫折之一.

"现代的国家制度,要保护平庸;尼采的超人社会,要发展个性.在现代国家里,生活一切机械无聊;在超人社会里,生活一切精彩美丽.现代的国家,是整齐的理想;超人的社会,是力量的象征!……"这是研究尼采的哲学家的感言.其实数学家的生存法则更为"残酷",因为这是一个赢者通吃的团体,只有第一没有第二,而且是没有所谓的中国第一、亚洲第一,只有世界第一.

在长达260余年征服哥德巴赫猜想的征途上,众位豪杰各领风骚,最后止于陈景润.

法国大数学家H·庞加莱试图在头等的数学与次等的数学之间划清界限.他说:"有些问题是人提出的,有些问题是它本身提出的."哥德巴赫猜想是它本身提出的.这个问题提法的极端简单,结合证明的极端困难使之成为真正的问题.况且这些问题的解决又导致整个数论的发展.

只有这等大问题,才会吸引那些数学大师的目光,激发起他们的征服欲,而因为有了他们曾经或正在路上才会更吸引后来人加入这一行列,也只有在这样一场高手云集的比赛中脱颖而出才会更有成就感.所以我们学习陈景润,首先要学习他目标远大,追求卓越.

曾经的世界数学领袖,德国大数学家希尔伯特曾说:"……为了引诱我们,数学问题应是困难的,但不是完全不可解决的,免得它嘲弄我们的努力.它应是通往潜藏着真理的曲径上的引路人,最后它应该以成功地解答的喜悦作为对我们的奖励."

陈景润是幸运的,他恰好选择了一个举世公认的难题,而又在有生之年大大地推进了它.想想有多少人焚膏继晷,恒兀兀、以穷年为一个大目标耗费了宝贵的一生而终无所获,牛顿为炼丹术耗费了人生最后的四十年,爱因斯坦为统一场论白忙了后半生,美国数学家Wagstuff为Fermat大定理贡献了长达94年的一生,最后只证明了对 $p<12\,500$ 时成立.

印度文明的奇葩,20世纪最卓越的心灵导师克里希那穆说:庸俗指的是爬山爬到一半,是做事情只做一半,从来没有爬到山顶,从来不要求自己发挥全部的能量,全部的能力,从来不要求卓越.((印度)克里希那穆.谋生之道.廖世德译,九州出版社,2007,245页.)

从这个意义上说陈景润和诸位数论大师都是追求卓越之人.这一点在中国特别需要提倡.做一件事一定要做到极致,决不中庸,决不见好就收,决不半途而废,死了也要干,不淋漓尽致不痛快,这样的人生观、世界观与中国几千年的传统不相合.

也有人说咱中国人不争不抢,不急不忙,不紧不慢,13,14世纪时数学在世界上也是数一数二,出了众多古代筹人.但今天不行了,今天中国数学可以说是大而不强.中国数学在国际上的位置,可以从2006年8月22至30日在西班牙马德里召开的国际数学家大会(ICM)的有关数据中可以看出,此次大会邀请20位数学家做1小时报告(但似乎有照顾东道主之嫌),169位数学家做45分钟报告,题目涉及所有的数学领域,陈志明是本次会议唯一一位应邀做45分钟报告的中国大陆数学家.2002年田刚做过1小时报告.那就是说第一方阵前20名没咱的事,第二方阵的前169名中仅有咱们一个位置,而陈景润当年是受到邀请在ICM上做报告的,而且是美国数学家代表团20世纪70年代来华访问后写成的报告中值得一提的两大成就之一(另一个是冯康先生的有限元法),所以今天应重提学习景润好榜样,他之于中国当代数学就像鲁迅之于当代中国文学一样至今没人超越.以一般现代人的阅读量可能远远超过鲁迅,但都不会再造鲁迅,除非你再经历过他所承受的一切的一切.多数网络写手写得再多,充其量也只是个吞吐垃圾的网虫.就像知识分子,读书再多也只是个书虫,变成一只两脚书柜.如今不再产思想家,如今盛产"文字制造者"和"信息搬运工".

当今的多数数学家们随着社会大环境的变迁,早已不再把数学当成终生追求的事业和纯美的精神享受而是当成了一种普通的与其他工作没什么两样的谋生手段,甚至是为了评职称或迎合自然科学基金要求而不得已去大量炮制没多少含金量,不痛不痒的论文,篇数与SCI检索数均世界领先但就是没有大成果.所以在偶像缺失的今天,我们就是要重树陈景润这个偶像.反偶像,反偶像变得迷失自我,反偶像变得无条件无原则,反偶像变成精神奴隶,反偶像变得否定过去,否定他者,否定一切,这样的结果是我们都不愿看到的.

计划经济时代人们重出身,重门第,讲等级,信息流是由上至下传,学术明星也是由官方钦定.所以建国后没宣传过几个数学家.大张旗鼓宣传的只有华罗庚、张德馨、熊庆来、陈景润、杨乐、张广厚等为数不多的几个.到了市场经济时代开始重结果,重业绩,讲贡献,信息流也开始由下至上传递.但明星却又被影视明星,企业明星,讲法明星所占据,因为他们通俗、娱乐、易懂,所以容易受到追捧,而数学明星则再度缺失.所以在当前的环境下,我们更应重提陈景润这位学术英雄与之抗衡.

二、有一类人物叫英雄

托尔斯泰说:"只要有战争,就有伟大的军事将领;只要有革命,就有伟人."历史这样说:"只要有伟大的军事将领,实际上,就有战争."仿此我们可说:"只要有数学猜想,就有伟大的数学家,同样有伟大的数学家,一定会有大的猜想."

陈景润的目标是远大的,而且是从初中二年级时就确定了的,由于时局动荡而滞留老家的留法博士沈元先生被历史选中要到陈景润所在的中学兼职谋生.而且学工出身的后来成为南京工学院院长的他偏巧是个博览群书的人,那个时候就知道哥德巴赫猜想,当时的中学也幸运的没有受到应试教育的主宰,可以任老师在课堂上天马行空,高谈阔论,陈景润的宏愿就此产生.

少年雨果曾立下这样的宏愿:"要么成为夏多布里昂,要么一无所成."他后来以一支笔面对第二帝国的皇帝拿破仑三世,洋溢着一种大无畏的英雄气概,其时未必不会想起少年时奉为楷模的夏多布里昂.巴尔扎克在放在卧室里的拿破仑塑像的底座上写下这样的豪言壮语:"他用剑未完成的事业,我用笔完成."

陈景润一生都在圆初中时的梦想,也用了半生的时间作准备,他从没想过要在一块木板的最薄处钻很多孔,而是选择了一处最厚最硬的地方钻一个孔,他要毕其大功于一役,他不屑用微不足道的小成功来骗自己,他要用一个大的结果"当惊世界殊".

宋代王安石在《游褒禅山记》中有:"然力足以至焉,于人为可讥,而在己为有悔.尽吾志也而不能至者,可以无悔矣."用今天的话说就是:"若自己的力量足以到达却没有到达,别人有理由讥笑你,自己也应该悔之.但要是尽了最大的努力还不能达到其目的,那就没什么可后悔的了!"这正是陈景润完成"1+2"后的心情.

虽然哥德巴赫猜想没能终结于陈景润,但是他尽力了,他把一个人一生的所有精力都贡献给了这个猜想,以至产生了一种绑定的效果,无论在世界何处,人们谈论起哥德巴赫猜想就一定会谈到陈景润,他几乎成了哥德巴赫猜想的同义词,用数学语言描述,他们是"共轭的".陈景润的价值在于重新拾回了中国人的自信心.

2005年1月26日,CCTV《面对面》栏目的王志先生来清华园访问杨振宁,王志问:杨先生,您说过您一生最大的贡献也许不是得诺贝尔奖,而是帮助中国人改变了一个看法,不如人的看法.很多年前您就开始这么说.但是我们很想知道,您是面对中国人讲的一种客气话,还是觉得真心的就这样认为.

杨振宁回答:我当然是真心这样觉得,不过我想的比你刚才所讲的还要有更深一层的考虑.你如果有20世纪初年,19年纪末年的文献,你就会了解20世纪初年中国的科学是多么落后.那个时候中国念过初等微积分的人,恐怕不到十个人,所以你可以想象20世纪初年,在那样落后的情形之下,一些中国人,尤其是知识分子,有多么大的自卑感.1957年李政道跟我得到诺贝尔奖,为什么当时全世界的华人都非常高兴呢?我想了一下这个,所以就讲了刚才你所讲的那一句话,是我认为最重要的贡献,是帮助中国人改变了自己觉得不如外国人这个心理.(杨振宁著.翁帆编译.曙光集.生活·读书·新知三联书店,2008,358~359页)

中国传统科学技术的发展在明代已是强弩之末,到了清代也没有什么大的发展,而欧洲的科学技术在这一时期却取得了长足的进步,把中国远远地抛在了后面,但中国并没有紧迫感,反而滋生出了"西学中源"之说,这更多的是出于一种心理自卫机制,但这种脆弱的自大感觉并没有事实支持,数学这一分支我们确实曾被世界远远甩到了后头,从陈景润起刚开始有了单项的领先,随之又是低谷,用丘成桐先生话说:"当年作家徐迟用生花妙笔描写陈景润的工作,使他成为全国英雄,做成错误的印象,以为数论的目的在解决一、两个孤立的猜测,时至今日,中国数论学家连世界数论主流的文章都看不懂,不只落后十数年了.但是中国新派出的留学生却很快地学习了西方的方法,而且出人头地.可见问题不在中国人的智慧,而是老派数论学家没有将年轻人引导到正确的方向."这些议论当然不乏门第之见,但大体正确.

黑格尔说过:"证明是数学的灵魂."几千年来都是这样,有谁能够对此提出挑战?没有.我们能做的只有一件事:把什么是证明搞得更明白;去"找"出一个又一个的数学命题并且一个又一个地加以"证明",谁能证明更重要的命题谁就是胜利者(齐民友.数学与文化),在数学领域是"丛林法则"只承认强者不同情弱者,谁证明了大猜想,开创了大理论,建立了大体系,谁就是英雄.从这个意义上说陈景润证明的"1+2"是一座至今没人能逾越的高山,我们有许多结果关起门在家里炒的挺热闹,但在国际同行中却没有丝毫反应,包括最近炒得很凶的庞加莱猜想的优先权之争,也在国际数学界一边倒的好评佩雷尔曼声中不了了之,而陈景润的传奇却一直在流传.

徐光启在译完欧几里得《几何原本》前6卷(1607年版,底本是德国人克拉维乌斯(C. Clavius)校订增补的拉丁文本 Euclidis Elementorum Libri XV(《欧几里得原本15卷》1574年出版),后9卷是英国人伟烈亚力和李善兰合译的)时有一句话:"续成大业,未知何日,未知何人,书以俟焉."

哥德巴赫猜想这台大戏还没落幕,从潮流上看,解析数论似乎早已不再是主流(潘承彪教授曾跟编者说怀尔斯证明费马大定理用的手法也有解析数论的手法,不知真否),哈代,维诺格拉多夫,陈景润已相继谢幕,在下一位主角还没登台之前,观众心中的英雄还是陈景润.

思想家黄宗羲曾说:"大丈夫行事,论顺逆不论成败,论是非不论利害,论万世不论一生."

陈景润的选择颇有大丈夫气魄,加之华罗庚先生的高瞻远瞩,论当时中国的数论力量,根本不具备冲击哥德巴赫猜想的实力,但这样的大手笔和将优势兵力集中于狭窄的研究领域的打法(波兰学派的崛起也是同样做法)居然在解析数论这个当时的主流领域取得了令世界瞩目的大成就,为中国数论界赢得了巨大的国际赞誉,像陈景润他们的这种大眼界、大手笔今天已越来越少见,相反,对没有风险的小打小闹感兴趣的人越来越多,所以从这个意义上说,陈景润是个好榜样.

三、有一种状态叫精神

契克森米哈赖的《快乐,从心开始》(原名为 Flow: the Psychology of optimal Experience. 天下文化出版公司,1993.)是一本奇书.据通读了此书的社会学家郑也夫介绍此书时说:商人们说消费能带来快乐,而契氏在快乐的来源上提出了完全不同的看法.契氏说,精神上无序,相当于"精神熵",是很糟糕的状态,烦躁,空虚不说,耗能还很高.反熵就是为自己的精神建立秩序,手段是找到自己的目标(而不是做社会目标的傀儡),专注于这个目标,全身心地投入,达到浑然忘我,并因为投入其中而屏蔽了世俗生活中琐事的打扰.他称这种状态为"心流".比如,外科大夫操刀,陈景润解题,健儿攀岩,都进入到无我的状态.这状态是愉悦的,甚至比无所用心的烦躁耗能少,因为它是有序的.

在中国即将进入后工业化社会的今天,原来从未预料到的社会问题层出不穷,特别是人们的精神层面的东西.农业化社会男耕女织大家都在为生存而努力,日子艰苦而精神充实,进入到工业化社会终于可以衣食无忧了,大家又开始疯狂的积累财富.因为社会公认的法则是以拥有财富的多少决定个人成功与否.社会走到今天人们终于发现其实丰富的精神生活和追求才是值得拥有的,但这如同音乐和绘画一样需要长期的训练才可能有效,并且一旦入门尝到乐趣,人生便会从此不同.数学家工作的强度是很大的,但他们也多拥有一个充实长寿的一生,像苏步青,陈省身,哈达玛等90多岁的老寿星大有人在,而且这长寿并不受物质条件影响,越艰苦还越有精神.

著名数学家陆启铿教授在一篇纪念华罗庚先生的文章中指出:在抗日战争时期,西南联大的教授们的物质生活条件之差令人难以想象,但那个时候出了不少著名的科学家,华罗庚、陈省身先生许多重要的工作都是那个时候完成的.这需要一股劲,一个优良的学术传统.相反的,有了一个较好的物质生活环境,有些人便有可能不甘过做基础研究的清贫生活,转而寻求赚钱较多的职业,这对基础研究来说是一个危机.

所以陈景润带给我们的是那种独居陋室,青灯黄卷,物我两忘,自得其乐,躲进小楼成一统的那样一种精神状态和境界,在今天重提这些大有必要,因为在不知不觉之间风气已大变,清代学者章学诚说:"且人心日漓,风气日变,缺文之义不闻,而附会之习,且愈出而愈工焉.在官修书,唯冀塞责,私门著述,敬饰浮名.或剽窃成书,或因陋就简.使其术稍黠,皆可愚一时之耳目,而著作之道益衰.诚得自注以标所去取,则闻见之广狭,功力之疏密,心术之诚伪,灼然可见于开卷之顷,而风气可以渐复于质古,是又为益之尤大者也."(文史通义.卷三.)

矫枉必须过正,陈景润那种极端认真的精神就是治疗的良药,林群院士回忆陈景润,为了验证一个高阶行列式的值是否真的为零,曾用了两个月的时间,手算几十万项,只有这种近乎偏执的认真才使他能够发现谢盛刚那篇关于哥德巴赫猜想的文章的一个关键性的引理有计算错误,更可贵的是他能勇于指出,在你好,我好,大家好的今天,这种直言近乎绝迹(《数学研究与评论》早先还有点批评文字.近些年不知为何也没了).

对当前的大学教育有人批评为:今日的大学正汲汲于谋生之事,蝇营于应对之策,那种让人卓然独立的学术品格和精神气质虽然不是荡然无存,但也所剩无几.(汪堂家.时宜的大学.书城.2000年第4期.)

所以我们学习景润先生,绝不仅仅是学习他刻苦钻研、努力攀登科学高峰,还要学习他的品格与精神,以景润先生为镜我们可以照见自己以及时代的许多毛病和问题,这些我们大家都曾共同拥有的也共同感到弥足珍贵的东西在悄悄地远离我们,我们怀念景润先生是因为他将我们带回到那个奋发向上、诚实、勤奋、敬业、学科学、爱科学的20世纪80年代.就像老一辈学人都怀念西南联大时期一样,像笔者这样的中年人对以景润先生为学习榜样的20世纪80年代也是记忆深刻.

在郑也夫先生为《北大清华人大社会学硕士论文选编2002~2003》一书所写的前言中指出:一个社会中众生们不求实,不敬业,必然是它的精英率先告别了求实和敬业.只要一个社会中精英们的精神还在,不信东风唤不回.换言之,要改造一个社会的作风,首先要从它的精英开始.不然就是伪善,就是奴隶主的哲学,就是注定不会得逞的痴人说梦.

郑也夫还指出:行为的动机和社会意义是一而二、二而一的事情.我们正统的意识形态过于强调社会意义、极大地忽略了作为当事者个人兴趣的动因.爱因斯坦从事相对论研究,陈景润从事哥德巴赫猜想,首先都是因为他们喜好,他们甚至不知道那结果将如何造福人类.当然他们知道科学同人类的福祉已结不解之缘,但是他们做那桩研究不是完全从利他出发的,他们自己也从中获得了愉快.相反,如果完全从利他出发,个人并无兴趣,是绝不可能在艰难的科学探索中有所发现的.因为当事者的兴趣是高度自我的,因为他们从过程中获得了愉快,在宣传中将他们的动机披挂上爱国主义或造福人类的冠冕其实是勉强的.另一方面,一个人的能力越强,他的正当行为中越会有良好的"外部性"流溢到社会中.但是那"外部性"不是他的全部动机,有时甚至不是他的主要动机.(博览群书.2004年第9期.)

在西方的劳动经济学中一直就有"快乐工资(hedonic wages)"这个概念.有些行业的工资比教授还高,比如,夏威夷的码头工人,用劳动价值论是解释不了的.在当代的劳动经济学看来,有些工种没有人愿意干,因为太脏太累太不体面,所以老板必须要提高工资弥补工人在快乐方面的损失,他才接受这份工作.而数学家特别是像陈景润这样的优秀数学家,他从中得到了莫大的乐趣,所以别说工资少他干,不给工资恐怕都干.

四、有一种希望叫理想

哥德巴赫猜想对大多数中国人来说是一个理想主义的音符.对这种理想的解释可以用一首美国的流行歌曲的歌词来诠释:

> 那是一种难以割舍的渴望/当强烈的渴望出现时/任何人都会对自己说/我不想放弃/虽然我不想做/我做不到的事情/我知道这份渴望有多么奢侈/可是当它出现的时候/你无法抑制/无论如何/我知道我有这份渴望/我更渴望去实现它……

身体瘦弱的陈景润无疑是一个理想主义者,它的理想就是超越维诺格拉多夫,而承载着这一理想的就是哥德巴赫猜想的证明,欧拉试过,哈代试过,维诺格拉多夫也试过都没能最后成功,所以一旦自己获证,那岂不是超越了所有的数学前贤.

社会学家称,每个社会都有一个基本梦想,这种被他们称为"社会事实"的东西独立于个人愿望,它强迫每个人扮演着自己的角色.如果你不推崇这个基本梦想,你就是傻子,遭社会排斥.现在的社会梦想是成功梦、发财梦、榜上有名梦、娶得美人归梦,而20世纪80年代的社会梦想是成为科学家梦,是证明哥德巴赫猜想梦.

理想是对未来事物的想象或希望,多指有根据的、合理的,跟空想、幻想不同,一个人总会是理想主义到现实主义转化中的人.一句西谚翻译过来大致是说:如果一个人20岁时,他不是理想主义者,那他一定是个庸人;如果他到了40岁时还是理想主义者,那他一定是个傻瓜.其实庸人是坚定的,而理想主义者是犹豫的,因为他缺少同类,缺少支持,同时世俗的势力过于强大.

中国青年女导演彭小莲在纪念日本著名纪录片导演小川绅介时说:"事情在不断变化着.消逝、展现、又消逝、又展现……我不断地向自己提问,不停地寻找答案,可是到最后……我还是问自己,这都是为了什么?也许,过去我们被穷困压迫得太喘不过气了……回头看去,我们很容易就被欲望和物质重新包裹起来.这是一个灾难.我们的智能似乎越来越低,一切都简单到用金钱就可以来裁决和判断事物,只有想到这里的时候,是多么怀念小川,我想,他要是活着,一定会告诉我该怎么去做的."

其实每一个领域都不乏理想主义者,我们只需要彰显他们,使他和他的同类不再孤单,也使社会保持理想与世俗两极的张力,使之平衡.彭小莲说:"小川一直在和自己挑战,他总是对自己感到不满足,他不断地进取着,问题是他选择了一条艰难的道路,理想主义道路.现在,我不是要在这里清算理想主义的价值问题,不是! 我是在想,我们自己今天的生存状态,多么像那个时期的日本.我似乎就在这个时期的恍惚中迷失了方向,我感激小康生活,政治运动的硝烟散去了;政治运动中惶惶不可终日的感觉不复存在;但是,四处弥漫着金钱的价值,同样让人害怕."

所以在当前中国很有必要重提理想主义.在所有人都在提成本和机会成本的经济社会中像陈景润这样为证明哥德巴赫猜想不计成本、不计代价的理想主义典型有自身的价值.虽然弗里德曼(不是那位著名经济学家,而是美国的一个记者托马斯弗里德曼)说"世界是平的",但全社会的精神高度不能是平的.我们虽然应该学习陈景润的精神,但并不能要求人人都像陈景润.要保持价值观的多元性.

理想,在任何时代也只是一个符号,什么东西都可以套上"理想"两个字来加以掩饰,但我们一定要看到"理想"后面的代价和结果.

人总是在寻找意义和目的,理想是人性的升华,它使人能高于自己.但理想只是人脑在一时一地的产物,过于夸大意识的主导作用,就违背了唯物主义.也许正因为这点,理想主义和唯心主义可以合用一个英文词.人们需要理想,但一旦执著过了头,理想主义就僵固了:一是可能把理想强加于现实,二是可能把理想强加于他人.这不由使我想起孔子说的"己所不欲,勿施于人",这双重否定似乎很被动,但实在是大智慧.倘若反过来变成双重肯定"己所欲,施于人",听上去好像更积极,后果却不堪设想,一个人的理想难保不成为别人的噩梦.(彭小莲.理想主义的困惑.华东师范大学出版社,2007.)

五、有一种数学叫纯粹

从19世纪初开始,数学严格性的倾向使它越来越成为数学家的游戏,而不是一般人取乐的领域(P. D. 库克. 现代数学史). 哥德巴赫猜想在中国的知名度远远超过世界上任何一个国家甚至于哥德巴赫的故乡德国和世界数学中心美国,这对于中国这样一个崇尚实用的国度是非常难以想象的,陈景润们在历次政治运动中无一幸免地被批为"脱离生产实际,无法服务于人民群众". 这一批判使得数论这个数学中最纯的分支无人敢搞,因为很难应用,于是华罗庚搞了优选法,闵嗣鹤搞了石油地质数字处理,潘承洞搞了扁壳基本方程,王元搞了混料均匀设计,越民义搞了运筹学与优化.

美国数学家 I·里查兹说:"好的定理总是对以后的数学有广泛影响的. 这仅仅归功于这个定理是真的这一事实. 既然是真的,必有其为真的道理;如果这个道理隐藏得很深,那就常常需要对它邻近的事实和原理有更深入的理解. 正是这样,数论这位'数学的女皇'才成为数学其他分支中许多工具的试金石. 事实上,这就是数论影响纯粹数学和应用数学的真实方式."([美]L. A. 斯蒂思. 今日数学. 马继芳译. 上海科学技术出版社,1982,74 页.)

翻开陈景润的论文目录,我们没有发现任何应用的痕迹,从这个意义上说陈景润是一个纯粹的数论学家,而且是至纯的,他坚信他的研究是有价值的,不论是否有应用. 但看了这套书,社会有改变. 事实上,他选了许多日常及工程多领域的实际应用例子.

陈省身先生做过一个演讲,他开篇就举了个例子,他说欧氏几何里曾经提出一个命题,即空间当中存在着五种正多面体,且只存在着五种正多面体——正四面体,正六面体,正八面体,正十二面体,正二十面体. 在欧几里得提出空间中的这种可能性后,人类在现实中——无论是矿物的结晶还是生命体,从未见过正二十面体,只看见过其他四种正多面体. 在欧几里得去世两千年后,人类在自然界中才发现了这样形状的东西. 无论它有用没用,总算遇上了,有用成为可能了. 我们能想到现实中的那个正二十面体是什么吗?就是 SARS 病毒. 只不过它经过变异,每个面上长出了冠状的东西,陈省身接着说,多数数学知识当下不能成为生产力. 物理学和化学使用的数学知识是一两百年以前的数学成果. 有些数学成果一两百年后才变成了生产力,有些已经上千年了,却依然没有变成生产力. 起码,它的产生和应用之间有一个时间跨度. 而有些数学知识可能永远也转化不成生产力,但它可以服务于学科本身,帮助该学科内其他研究者有所发现,而后者的成果或许将来被用于实践.

其实真正的智者从来就不会问数学能够做什么,而是坚信数学是一种强有力的训练,他们相信,在不完美的现实世界中,这种训练能够让人类的心智去理解真实的理念世界,例如古希腊人他们的数学不崇尚实用,但是他们认为他们的建筑和艺术应该符合数学美的法则,为此他们发现了"黄金比率",并用此来设计各种建筑,如帕特农神庙.对于一个理论有无应用这个问题在社会科学中也有,郑也夫 2005 年 6 月 1 日在华中科技大学的演讲时说:"无用之学从来是知识分子的传统.知识分子在中国古代的前身是巫,祝,卜,史,是占卜的,搞宗教活动的,做记录的.当时,他们的作用似乎不太要紧,他们在打仗前为人占卜似乎没有士兵的长枪厚盾有用,可正是在这些人的占卜和记录中,完成了一个民族文字的产生.当初似乎最无用的东西,产生了最强大的后果.正是这些当时没用的人为后来社会的发展奠定了潜能和方向."(郑也夫.抵抗通吃.山东人民出版社,2007,222 页.)

拿数论来说,这个昔日最纯的数学分支也逐渐有了意想不到的应用,从密码学到航天飞机训练的景色模拟,从通信理论中的纠错码到"上帝不掷骰子"的素数解读,但哥德巴赫猜想还没见到应用迹象,对此郑也夫有一番见解,他说:"陈景润是一样的事情.哥德巴赫猜想还未解决,就是解决了,你能告诉我们:它何年何月怎样造福人类?不知道你为什么还要干?第一辜负了人民对你们的养育,第二辜负了你自己的天赋,产生一个如此高智商的人不容易,这岂不是极大的浪费?"(郑也夫.抵抗通吃.山东人民出版社,2007,215 页.)

从这个意义上说,陈景润又是一个对自己倍加珍惜的人,尽管在普通人眼里他为了证明哥德巴赫猜想夜以继日,耗尽了心血,但他知道自己的使命,知道自己的核心价值所在,也知道自己的真正需要,就像精神分析之父弗洛伊德在患口腔癌动了 17 次手术后仍然每天抽十棵雪茄一样,因为不如此,他身体再好都没有意义.

陈景润对此深知,所以他才能选了这个意义重大的猜想作为自己的主攻方向. A. Renyi 说:"如果你想要做数学家,那么你必须意识到,你将主要是为了未来而工作."

像陈景润那样集中近 20 年的时间攻一个大问题也只能是在当时的环境中,现代的中国早已不容他这样"从一而终",我们需要研究面广,成果多的研究者.这是因为西方的学术体系已经有了很细的分工,一个小的研究领域就可以养活一批研究人员,但是在中国,任何一个细小问题的研究都无法养活一个研究人员,你必须铺开了研究,才能活下去.

陈景润的另一个幸运之处是在那个时代像哥德巴赫这样孤立的大猜想还是数学界的主流而"现代数学主要对结构感兴趣,被选为实现这些结构的那些对象仅仅是作为一般对象生长的基础"(H. Hermes).所以近代荣获菲尔兹奖的那些数学家都是因开创了新领域,建立了新结构,发现了新联系而获奖,即使像怀尔斯和佩雷尔曼证明了古老的费马猜想和庞加莱猜想也是综合运用了多种理论并进行了创造性的改进从而大大推进了整个分支的研究水平,而不仅仅是孤立地证明了两个定理.打个比方,现代重视的是十八般兵器的综合运用和新武器的研制,而陈景润是将一种兵器玩到了出神入化,举世无双,并且用它杀死了敌军的一员大将.但现在更讲究不战而屈人之兵,这一套不是我们的强项.

李约瑟在《中国科学技术史》中提出了三个问题.其中第一个问题为:中国传统数学为什么在宋元以后没得到进一步的发展?

确实中国古代传统数学经宋元时代达到了高峰以后,从明初开始,除了适应当时商业发展需要的珠算得到广泛的应用外,原来以筹算为中心而发展起来的理论数学就完全停滞不前了.对此李约瑟自己给出的答案是有两个原因.第一个原因是中国古代传统数学本身存在的弱点,用日本数学史专家三上义夫等人的说法是缺乏严格求证,形式逻辑没有发展起来和缺乏记录公式的符号方法.除此之外,李约瑟还找到了更深层次的原因,如"在从实践到纯知识领域的飞跃中,中国数学是未曾参与过的","'为数学'而数学的场合极少……他们感兴趣的不是希腊人所追求的那种抽象的,系统化的学院式真理".

著名拓扑学家王诗宬教授在北京大学做报告时说:"纽结论本身,是由物理学的需要而生产的,后来因为它不能解释物理现象,物理学家就把它忘掉了,它就纯粹地变成了一个理论的东西.数学家很愉快,尽管没有任何应用,数学家仍孜孜不倦地做,耗费自己的时光.在做了很多年以后,终于在生物学和化学中有了应用……所以说数学理论和实践联系的表现形式是丰富多彩的,它可以是简单、直接和周期的,也可以是深刻和难以预测的."从这个意义上说也许不应将数学人为地分为纯粹数学和应用数学,因为标准很难掌握,比如数论一定认为是纯粹数学,但陈省身教授在《怎样把中国建为数学大国》中指出:"数学中我愿把数论看做应用数学.数论就是把数学应用于整数性质的研究.我想数学中有两个很重要的数学部门,一个是数论,另一个是理论物理."(科技导报.1992 年第 11 期)

六、有一种思绪叫回忆

《新周刊》曾用脱口而出的 50 句口号讲述共和国史.比如 1949 年是:中国人民站起来了;1950 年是:抗美援朝,保家卫国;1966 年是:造反有理;1968 年是:广阔天地大有作为;1971 年是:友谊第一,比赛第二;而 1977 年就是:哥德巴赫猜想.

在北京大学举办的一次王诗宬教授主讲"从打结谈起"的讲座上,主持人是这样开场的:"在 20 世纪的 100 年里,中国人跟数学比较亲近的是 70 年代末.那时候有一位大数学家,他教给我们哥德巴赫猜想……陈景润出来以后,成了很多人选择学业和职业的一个分水岭.这之前,肯定好多人是想当诗人的.因为 70 年代之前,那时候当诗人谈恋爱比较容易,比较吸引女青年.但是,过了 1977 年以后,好多人想当数学家了.六小龄童在接受《新京报》记者采访时,对'你记忆中哪些人是 80 年代的风云人物'的提问的回答是:陈景润."(新京报编.追寻 80 年代.中信出版社,2006,228 页.)

当时的大中学生尤其以陈景润为学习榜样,中国著名控制论专家郭雷曾撰文回忆那段时光:"在 1978 年刚入山东大学自动控制专业学习时被安排到数学系感到很茫然,后听了张学铭教授介绍的控制论的历史后才明白控制论是应用数学的重要分支."于是在陈景润精神的激励下,立即投入了紧张的学习.

美国精益针灸医疗服务公司总裁李强在《难忘的高考岁月》中回忆道:

"1978 年 3 月,中共中央举行了振奋人心的'全国科学大会'.邓小平提出'科学技术是生产力'的论断;叶剑英发表了一首诗,后两句是'科学有险阻,苦战能过关'.学校把它写在进门处的大石碑上,以鼓舞我们的学习热忱.报纸、电台、电视对知识和知识分子做出很高评价.湖北老作家徐迟的报告文学《哥德巴赫猜想》对数学家陈景润在研究'1+2'上的不懈努力做了生动描述.还有对其他科学的广泛宣传,像数学家华罗庚、杨乐、张广厚,化学家唐教庆,物理学家钱伟长、钱三强等,给了我极大鼓舞."(陈建功,周国平.我的 1977.中国华侨出版社,2007,91 页.)而且当时的社会风气和大背景有利于这种榜样的产生.因为从那时起人们又开始喜欢读书了.

《光明日报》社《文荟》副刊主编韩小蕙在回忆当年的情形时写道:

"……多少年没见过这种书了,一开禁,人人都兴奋得像小孩子买炮仗一样,抢着买,比着买,买回家来,全家老少个个笑逐颜开,争着读,不撒手,回想起那日子,真像天天下金雨似的,舒心,痛快!"

时势造英雄,任何一位学者要想成为人们心目中的英雄和榜样,那么他一定是身处一个与其追求相符的伟大时代,时代更迭,物是人非.很久以前,伟大的科学历史学家乔治·萨顿说过:"科学迟早要征服其他领域,把它的光芒洒向迷信与无知猖獗的每一个角落."这是何等雄心,到了 21 世纪,人们似乎对科学有些冷漠,随口就说"不过如此".同样的原因陈景润在人们心目中也今非昨日,曾做过 Zhongo 网的 CEO 的牟森,在回答《新京报》记者的提问时曾说:"上高中的时候,流行的是'学好数理化,走遍天下都不怕',大家崇拜的是(证明)哥德巴赫猜想式的英雄."(新京报编.追寻 80 年代.中信出版社,2006,105 页)而今天风气大变,人人开始谈"股"论"金",昔日英雄已被边缘化.

曹建伟在小说《商人的咒》中说:"英雄往往只有两个结局:一是遭遇扶植者的假赏识与真遗弃;二是遭遇普通人的假崇拜与真妒忌……"(作家出版社,2007)虽然分析精辟但我们宁愿相信这不是真的,但陈景润作为一个英雄却是个例外,他得到了真赏识和真崇拜.

有人在论法国的当代文学时,说有两种文学并存,一种文学"读的人很少,但谈的人很多";另一种文学"读的人很多,但谈的人很少". 其实,今人面对21世纪的数学,也有类似的情况. 哥德巴赫猜想就是一个搞的人很少(甚至没有)但谈的人很多(几乎全民)的一个数学猜想,甚至职业数学家都用此举例,获2007年第四届华人数学家大会晨兴数学金奖的浙江大学客座教授汪徐家在接受《科学时报》记者访问时说:"陈景润解决哥德巴赫猜想中的'1+2'时,并不是一到华罗庚那里马上就解决了这个难题. 而是在那的学术环境中慢慢学,增加自己的知识,增加自己的功底,先解决'1+3',再解决'1+2'."(汪徐家. 数学的高峰,我还在攀登. 科学时报,2008.2.26.)

马克思在《1844年经济学哲学手稿》中有一句绕口的学术话:"一切对象对他说来也就成为他自身的对象化,成为确证和实现他的个性的对象,成为他的对象,而这就是说,对象成了他自身."其实说白了就是啥人读啥书,你有什么样的格局就会去选什么层次的读物. 如果你向往陈景润的境界,想学习他那种精神,那就先从本书开始读起吧!

刘培杰数学工作室
已出版(即将出版)图书目录——初等数学

书　名	出版时间	定　价	编号
新编中学数学解题方法全书(高中版)上卷(第2版)	2018－08	58.00	951
新编中学数学解题方法全书(高中版)中卷(第2版)	2018－08	68.00	952
新编中学数学解题方法全书(高中版)下卷(一)(第2版)	2018－08	58.00	953
新编中学数学解题方法全书(高中版)下卷(二)(第2版)	2018－08	58.00	954
新编中学数学解题方法全书(高中版)下卷(三)(第2版)	2018－08	68.00	955
新编中学数学解题方法全书(初中版)上卷	2008－01	28.00	29
新编中学数学解题方法全书(初中版)中卷	2010－07	38.00	75
新编中学数学解题方法全书(高考复习卷)	2010－01	48.00	67
新编中学数学解题方法全书(高考真题卷)	2010－01	38.00	62
新编中学数学解题方法全书(高考精华卷)	2011－03	68.00	118
新编平面解析几何解题方法全书(专题讲座卷)	2010－01	18.00	61
新编中学数学解题方法全书(自主招生卷)	2013－08	88.00	261
数学奥林匹克与数学文化(第一辑)	2006－05	48.00	4
数学奥林匹克与数学文化(第二辑)(竞赛卷)	2008－01	48.00	19
数学奥林匹克与数学文化(第二辑)(文化卷)	2008－07	58.00	36′
数学奥林匹克与数学文化(第三辑)(竞赛卷)	2010－01	48.00	59
数学奥林匹克与数学文化(第四辑)(竞赛卷)	2011－08	58.00	87
数学奥林匹克与数学文化(第五辑)	2015－06	98.00	370
世界著名平面几何经典著作钩沉——几何作图专题卷(共3卷)	2022－01	198.00	1460
世界著名平面几何经典著作钩沉——民国平面几何老课本	2011－03	38.00	113
世界著名平面几何经典著作钩沉——建国初期平面三角老课本	2015－08	38.00	507
世界著名解析几何经典著作钩沉——平面解析几何卷	2014－01	38.00	264
世界著名数论经典著作钩沉——算术卷	2012－01	28.00	125
世界著名数学经典著作钩沉——立体几何卷	2011－02	28.00	88
世界著名三角学经典著作钩沉——平面三角卷Ⅰ	2010－06	28.00	69
世界著名三角学经典著作钩沉——平面三角卷Ⅱ	2011－01	38.00	78
世界著名初等数论经典著作钩沉——理论和实用算术卷	2011－07	38.00	126
世界著名几何经典著作钩沉——解析几何卷	2022－10	68.00	1564
发展你的空间想象力(第3版)	2021－01	98.00	1464
空间想象力进阶	2019－05	68.00	1062
走向国际数学奥林匹克的平面几何试题诠释.第1卷	2019－07	88.00	1043
走向国际数学奥林匹克的平面几何试题诠释.第2卷	2019－09	78.00	1044
走向国际数学奥林匹克的平面几何试题诠释.第3卷	2019－03	78.00	1045
走向国际数学奥林匹克的平面几何试题诠释.第4卷	2019－09	98.00	1046
平面几何证明方法全书	2007－08	48.00	1
平面几何证明方法全书习题解答(第2版)	2006－12	18.00	10
平面几何天天练上卷·基础篇(直线型)	2013－01	58.00	208
平面几何天天练中卷·基础篇(涉及圆)	2013－01	28.00	234
平面几何天天练下卷·提高篇	2013－01	58.00	237
平面几何专题研究	2013－07	98.00	258
平面几何解题之道.第1卷	2022－05	38.00	1494
几何学习题集	2020－10	48.00	1217
通过解题学习代数几何	2021－04	88.00	1301
最新世界各国数学奥林匹克中的平面几何试题	2007－09	38.00	14

刘培杰数学工作室
已出版(即将出版)图书目录——初等数学

书　名	出版时间	定　价	编号
数学竞赛平面几何典型题及新颖解	2010—07	48.00	74
初等数学复习及研究(平面几何)	2008—09	68.00	38
初等数学复习及研究(立体几何)	2010—06	38.00	71
初等数学复习及研究(平面几何)习题解答	2009—01	58.00	42
几何学教程(平面几何卷)	2011—03	68.00	90
几何学教程(立体几何卷)	2011—07	68.00	130
几何变换与几何证题	2010—06	88.00	70
计算方法与几何证题	2011—06	28.00	129
立体几何技巧与方法(第2版)	2022—10	168.00	1572
几何瑰宝——平面几何500名题暨1500条定理(上、下)	2021—07	168.00	1358
三角形的解法与应用	2012—07	18.00	183
近代的三角形几何学	2012—07	48.00	184
一般折线几何学	2015—08	48.00	503
三角形的五心	2009—06	28.00	51
三角形的六心及其应用	2015—10	68.00	542
三角形趣谈	2012—08	28.00	212
解三角形	2014—01	28.00	265
三角函数	2024—10	38.00	1744
探秘三角形:一次数学旅行	2021—10	68.00	1387
三角学专门教程	2014—09	28.00	387
图天下几何新题试卷.初中(第2版)	2017—11	58.00	855
圆锥曲线习题集(上册)	2013—06	68.00	255
圆锥曲线习题集(中册)	2015—01	78.00	434
圆锥曲线习题集(下册·第1卷)	2016—10	78.00	683
圆锥曲线习题集(下册·第2卷)	2018—01	98.00	853
圆锥曲线习题集(下册·第3卷)	2019—10	128.00	1113
圆锥曲线的思想方法	2021—08	48.00	1379
圆锥曲线的八个主要问题	2021—10	48.00	1415
圆锥曲线的奥秘	2022—06	88.00	1541
论九点圆	2015—05	88.00	645
论圆的几何学	2024—06	48.00	1736
近代欧氏几何学	2012—03	48.00	162
罗巴切夫斯基几何学及几何基础概要	2012—07	28.00	188
罗巴切夫斯基几何学初步	2015—06	28.00	474
用三角、解析几何、复数、向量计算解数学竞赛几何题	2015—03	48.00	455
用解析法研究圆锥曲线的几何理论	2022—05	48.00	1495
美国中学几何教程	2015—04	88.00	458
三线坐标与三角形特征点	2015—04	98.00	460
坐标几何学基础.第1卷,笛卡儿坐标	2021—08	48.00	1398
坐标几何学基础.第2卷,三线坐标	2021—09	28.00	1399
平面解析几何方法与研究(第1卷)	2015—05	28.00	471
平面解析几何方法与研究(第2卷)	2015—06	38.00	472
平面解析几何方法与研究(第3卷)	2015—07	28.00	473
解析几何研究	2015—01	38.00	425
解析几何学教程.上	2016—01	38.00	574
解析几何学教程.下	2016—01	38.00	575
几何学基础	2016—01	58.00	581
初等几何研究	2015—02	58.00	444
十九和二十世纪欧氏几何学中的片段	2017—01	58.00	696
平面几何中考.高考.奥数一本通	2017—07	28.00	820
几何学简史	2017—08	28.00	833
四面体	2018—01	48.00	880
平面几何证明方法思路	2018—12	68.00	913
折纸中的几何练习	2022—09	48.00	1559
中学新几何学(英文)	2022—10	98.00	1562
线性代数与几何	2023—04	68.00	1633
四面体几何学引论	2023—06	68.00	1648

刘培杰数学工作室
已出版(即将出版)图书目录——初等数学

书　名	出版时间	定价	编号
平面几何图形特性新析.上篇	2019—01	68.00	911
平面几何图形特性新析.下篇	2018—06	88.00	912
平面几何范例多解探究.上篇	2018—04	48.00	910
平面几何范例多解探究.下篇	2018—12	68.00	914
从分析解题过程学解题:竞赛中的几何问题研究	2018—07	68.00	946
从分析解题过程学解题:竞赛中的向量几何与不等式研究(全2册)	2019—06	138.00	1090
从分析解题过程学解题:竞赛中的不等式问题	2021—01	48.00	1249
二维、三维欧氏几何的对偶原理	2018—12	38.00	990
星形大观及闭折线论	2019—03	68.00	1020
立体几何的问题和方法	2019—11	58.00	1127
三角代换论	2021—05	58.00	1313
俄罗斯平面几何问题集	2009—08	88.00	55
俄罗斯立体几何问题集	2014—03	58.00	283
俄罗斯几何大师——沙雷金论数学及其他	2014—01	48.00	271
来自俄罗斯的5000道几何习题及解答	2011—03	58.00	89
俄罗斯初等数学问题集	2012—05	38.00	177
俄罗斯函数问题集	2011—03	38.00	103
俄罗斯组合分析问题集	2011—01	48.00	79
俄罗斯初等数学万题选——三角卷	2012—11	38.00	222
俄罗斯初等数学万题选——代数卷	2013—08	68.00	225
俄罗斯初等数学万题选——几何卷	2014—01	68.00	226
俄罗斯《量子》杂志数学征解问题100题选	2018—08	48.00	969
俄罗斯《量子》杂志数学征解问题又100题选	2018—08	48.00	970
俄罗斯《量子》杂志数学征解问题	2020—05	48.00	1138
463个俄罗斯几何老问题	2012—01	28.00	152
《量子》数学短文精粹	2018—09	38.00	972
用三角、解析几何等计算解来自俄罗斯的几何题	2019—11	88.00	1119
基谢廖夫平面几何	2022—01	48.00	1461
基谢廖夫立体几何	2023—04	48.00	1599
数学:代数、数学分析和几何(10—11年级)	2021—01	48.00	1250
直观几何学:5—6年级	2022—04	58.00	1508
几何学:第2版.7—9年级	2023—08	68.00	1684
平面几何:9—11年级	2022—10	48.00	1571
立体几何.10—11年级	2022—01	58.00	1472
几何快递	2024—05	48.00	1697
谈谈素数	2011—03	18.00	91
平方和	2011—03	18.00	92
整数论	2011—05	38.00	120
从整数谈起	2015—10	28.00	538
数与多项式	2016—01	38.00	558
谈谈不定方程	2011—05	28.00	119
质数漫谈	2022—07	68.00	1529
解析不等式新论	2009—06	68.00	48
建立不等式的方法	2011—03	98.00	104
数学奥林匹克不等式研究(第2版)	2020—07	68.00	1181
不等式研究(第三辑)	2023—08	198.00	1673
不等式的秘密(第一卷)(第2版)	2014—02	38.00	286
不等式的秘密(第二卷)	2014—01	38.00	268
初等不等式的证明方法	2010—06	38.00	123
初等不等式的证明方法(第二版)	2014—11	38.00	407
不等式・理论・方法(基础卷)	2015—07	38.00	496
不等式・理论・方法(经典不等式卷)	2015—07	38.00	497
不等式・理论・方法(特殊类型不等式卷)	2015—07	48.00	498
不等式探究	2016—03	38.00	582
不等式探秘	2017—01	88.00	689

刘培杰数学工作室
已出版（即将出版）图书目录——初等数学

书　名	出版时间	定　价	编号
四面体不等式	2017－01	68.00	715
数学奥林匹克中常见重要不等式	2017－09	38.00	845
三正弦不等式	2018－09	98.00	974
函数方程与不等式：解法与稳定性结果	2019－04	68.00	1058
数学不等式．第1卷，对称多项式不等式	2022－05	78.00	1455
数学不等式．第2卷，对称有理不等式与对称无理不等式	2022－05	88.00	1456
数学不等式．第3卷，循环不等式与非循环不等式	2022－05	88.00	1457
数学不等式．第4卷，Jensen不等式的扩展与加细	2022－05	88.00	1458
数学不等式．第5卷，创建不等式与解不等式的其他方法	2022－05	88.00	1459
不定方程及其应用．上	2018－12	58.00	992
不定方程及其应用．中	2019－01	78.00	993
不定方程及其应用．下	2019－02	98.00	994
Nesbitt不等式加强式的研究	2022－06	128.00	1527
最值定理与分析不等式	2023－02	78.00	1567
一类积分不等式	2023－02	88.00	1579
邦费罗尼不等式及概率应用	2023－05	58.00	1637
同余理论	2012－05	38.00	163
[x]与{x}	2015－04	48.00	476
极值与最值．上卷	2015－06	28.00	486
极值与最值．中卷	2015－06	38.00	487
极值与最值．下卷	2015－06	28.00	488
整数的性质	2012－11	38.00	192
完全平方数及其应用	2015－08	78.00	506
多项式理论	2015－10	88.00	541
奇数、偶数、奇偶分析法	2018－01	98.00	876
历届美国中学生数学竞赛试题及解答（第1卷）1950～1954	2014－07	18.00	277
历届美国中学生数学竞赛试题及解答（第2卷）1955～1959	2014－04	18.00	278
历届美国中学生数学竞赛试题及解答（第3卷）1960～1964	2014－06	18.00	279
历届美国中学生数学竞赛试题及解答（第4卷）1965～1969	2014－04	28.00	280
历届美国中学生数学竞赛试题及解答（第5卷）1970～1972	2014－06	18.00	281
历届美国中学生数学竞赛试题及解答（第6卷）1973～1980	2017－07	18.00	768
历届美国中学生数学竞赛试题及解答（第7卷）1981～1986	2015－01	18.00	424
历届美国中学生数学竞赛试题及解答（第8卷）1987～1990	2017－05	18.00	769
历届国际数学奥林匹克试题集	2023－09	158.00	1701
历届中国数学奥林匹克试题集（第3版）	2021－10	58.00	1440
历届加拿大数学奥林匹克试题集	2012－08	38.00	215
历届美国数学奥林匹克试题集	2023－08	98.00	1681
历届波兰数学竞赛试题集．第1卷，1949～1963	2015－03	18.00	453
历届波兰数学竞赛试题集．第2卷，1964～1976	2015－03	18.00	454
历届巴尔干数学奥林匹克试题集	2015－05	38.00	466
历届CGMO试题及解答	2024－03	48.00	1717
保加利亚数学奥林匹克	2014－10	38.00	393
圣彼得堡数学奥林匹克试题集	2015－01	38.00	429
匈牙利奥林匹克数学竞赛题解．第1卷	2016－05	28.00	593
匈牙利奥林匹克数学竞赛题解．第2卷	2016－05	28.00	594
历届美国数学邀请赛试题集（第2版）	2017－10	78.00	851
全美高中数学竞赛：纽约州数学竞赛（1989—1994）	2024－08	48.00	1740
普林斯顿大学数学竞赛	2016－06	38.00	669
亚太地区数学奥林匹克竞赛题	2015－07	18.00	492
日本历届（初级）广中杯数学竞赛试题及解答．第1卷（2000～2007）	2016－05	28.00	641
日本历届（初级）广中杯数学竞赛试题及解答．第2卷（2008～2015）	2016－05	38.00	642
越南数学奥林匹克题选：1962—2009	2021－07	48.00	1370
罗马尼亚大师杯数学竞赛试题及解答	2024－09	48.00	1746
欧洲女子数学奥林匹克	2024－04	48.00	1723
360个数学竞赛问题	2016－08	58.00	677

— 4 —

刘培杰数学工作室
已出版(即将出版)图书目录——初等数学

书 名	出版时间	定价	编号
奥数最佳实战题.上卷	2017—06	38.00	760
奥数最佳实战题.下卷	2017—05	58.00	761
解决问题的策略	2024—08	48.00	1742
哈尔滨市早期中学数学竞赛试题汇编	2016—07	28.00	672
全国高中数学联赛试题及解答:1981—2019(第4版)	2020—07	138.00	1176
2024年全国高中数学联合竞赛模拟题集	2024—01	38.00	1702
20世纪50年代全国部分城市数学竞赛试题汇编	2017—07	28.00	797
国内外数学竞赛题及精解:2018—2019	2020—08	45.00	1192
国内外数学竞赛题及精解:2019—2020	2021—11	58.00	1439
许康华竞赛优学精选集.第一辑	2018—08	68.00	949
天问叶班数学问题征解100题.Ⅰ,2016—2018	2019—05	88.00	1075
天问叶班数学问题征解100题.Ⅱ,2017—2019	2020—07	98.00	1177
美国初中数学竞赛:AMC8准备(共6卷)	2019—08	138.00	1089
美国高中数学竞赛:AMC10准备(共6卷)	2019—08	158.00	1105
中国数学奥林匹克国家集训队选拔试题背景研究	2015—01	78.00	1781
高考数学核心题型解题方法与技巧	2010—01	28.00	86
高考数学压轴题解题诀窍(上)(第2版)	2018—01	58.00	874
高考数学压轴题解题诀窍(下)(第2版)	2018—01	48.00	875
突破高考数学新定义创新压轴题	2024—08	88.00	1741
应当这样解答高考题:十年高考真题创新解法集萃	2025—03	98.00	1814
向量法巧解数学高考题	2009—08	28.00	54
高中数学课堂教学的实践与反思	2021—11	48.00	791
数学高考参考	2016—01	78.00	589
新课程标准高考数学解答题各种题型解法指导	2020—08	78.00	1196
全国及各省市高考数学试题审题要津与解法研究	2015—02	48.00	450
高中数学章节起始课的教学研究与案例设计	2019—05	28.00	1064
新课标高考数学——五年试题分章详解(2007~2011)(上、下)	2011—10	78.00	140,141
全国中考数学压轴题审题要津与解法研究	2013—04	78.00	248
新编全国及各省市中考数学压轴题审题要津与解法研究	2014—05	58.00	342
全国及各省市5年中考数学压轴题审题要津与解法研究(2015版)	2015—04	58.00	462
中考数学专题总复习	2007—04	28.00	6
中考数学较难题常考题型解题方法与技巧	2016—09	48.00	681
中考数学难题常考题型解题方法与技巧	2016—09	48.00	682
中考数学中档题常考题型解题方法与技巧	2017—08	68.00	835
中考数学选择填空压轴好题妙解365	2024—01	80.00	1698
中考数学:三类重点考题的解法例析与习题	2020—04	48.00	1140
中小学数学的历史文化	2019—11	48.00	1124
小升初衔接数学	2024—06	68.00	1734
赢在小升初——数学	2024—08	78.00	1739
初中平面几何百题多思创新解	2020—01	58.00	1125
初中数学中考备考	2020—01	58.00	1126
高考数学之九章演义	2019—08	68.00	1044
高考数学之难题谈笑间	2022—06	68.00	1519
化学可以这样学:高中化学知识方法智慧感悟疑难辨析	2019—07	58.00	1103
如何成为学习高手	2019—09	58.00	1107
高考数学:经典真题分类解析	2020—04	78.00	1134
高考数学解答题破解策略	2020—11	58.00	1221
从分析解题过程学解题:高考压轴题与竞赛题之关系探究	2020—08	88.00	1179
从分析解题过程学解题:数学高考与竞赛的互联互通探究	2024—06	88.00	1735
教学新思考:单元整体视角下的初中数学教学设计	2021—03	58.00	1278
思维再拓展:2020年经典几何题的多解探究与思考	即将出版		1279
十年高考数学试题创新与经典研究:基于高中数学大概念的视角	2024—10	58.00	1777
高中数学题型全解(全5册)	2024—10	298.00	1778
中考数学小压轴汇编初讲	2017—07	48.00	788
中考数学大压轴专题微言	2017—09	48.00	846

刘培杰数学工作室
已出版(即将出版)图书目录——初等数学

书　名	出版时间	定　价	编号
怎么解中考平面几何探索题	2019—06	48.00	1093
北京中考数学压轴题解题方法突破(第10版)	2024—11	88.00	1780
高考数学奇思妙解	2016—04	38.00	610
高考数学解题策略	2016—05	48.00	670
数学解题泄天机(第2版)	2017—10	48.00	850
高中物理教学讲义	2018—01	48.00	871
高中物理教学讲义：全模块	2022—03	98.00	1492
高中物理答疑解惑65篇	2021—11	48.00	1462
中学物理基础问题解析	2020—08	48.00	1183
初中数学、高中数学脱节知识补缺教材	2017—06	48.00	766
高考数学客观题解题方法和技巧	2017—10	38.00	847
十年高考数学精品试题审题要津与解法研究	2021—10	98.00	1427
中国历届高考数学试题及解答.1949—1979	2018—01	38.00	877
历届中国高考数学试题及解答.第二卷，1980—1989	2018—10	28.00	975
历届中国高考数学试题及解答.第三卷，1990—1999	2018—10	48.00	976
跟我学解高中数学题	2018—07	58.00	926
中学数学研究的方法及案例	2018—05	58.00	869
高考数学抢分技能	2018—07	68.00	934
高一新生常用数学方法和重要数学思想提升教材	2018—06	38.00	921
高考数学全国卷六道解答题常考题型解题诀窍：理科(全2册)	2019—07	78.00	1101
高考数学全国卷16道选择、填空题常考题型解题诀窍.理科	2018—09	88.00	971
高考数学全国卷16道选择、填空题常考题型解题诀窍.文科	2020—01	88.00	1123
高中数学一题多解	2019—06	58.00	1087
历届中国高考数学试题及解答：1917—1999	2021—08	118.00	1371
2000～2003年全国及各省市高考数学试题及解答	2022—05	88.00	1499
2004年全国及各省市高考数学试题及解答	2023—08	78.00	1500
2005年全国及各省市高考数学试题及解答	2023—08	78.00	1501
2006年全国及各省市高考数学试题及解答	2023—08	88.00	1502
2007年全国及各省市高考数学试题及解答	2023—08	98.00	1503
2008年全国及各省市高考数学试题及解答	2023—08	88.00	1504
2009年全国及各省市高考数学试题及解答	2023—08	88.00	1505
2010年全国及各省市高考数学试题及解答	2023—08	98.00	1506
2011～2017年全国及各省市高考数学试题及解答	2024—01	78.00	1507
2018～2023年全国及各省市高考数学试题及解答	2024—03	78.00	1709
突破高原：高中数学解题思维探究	2021—08	48.00	1375
高考数学中的"取值范围"	2021—10	48.00	1429
新课程标准高中数学各种题型解法大全.必修一分册	2021—06	58.00	1315
新课程标准高中数学各种题型解法大全.必修二分册	2022—01	68.00	1471
高中数学各种题型解法大全.选择性必修一分册	2022—06	68.00	1525
高中数学各种题型解法大全.选择性必修二分册	2023—01	58.00	1600
高中数学各种题型解法大全.选择性必修三分册	2023—04	48.00	1643
高中数学专题研究	2024—05	88.00	1722
历届全国初中数学竞赛经典试题详解	2023—04	88.00	1624
孟祥礼高考数学精刷精解	2023—06	98.00	1663
新高考数学第二轮复习讲义	2025—01	88.00	1808
新编640个世界著名数学智力趣题	2014—01	88.00	242
500个最新世界著名数学智力趣题	2008—06	48.00	3
400个最新世界著名数学最值问题	2008—09	48.00	36
500个世界著名数学征解问题	2009—06	48.00	52
400个中国最佳初等数学征解老问题	2010—01	48.00	60
500个俄罗斯数学经典老题	2011—01	28.00	81
1000个国外中学物理好题	2012—04	48.00	174
300个日本高考数学题	2012—05	38.00	142
700个早期日本高考数学试题	2017—02	88.00	752

刘培杰数学工作室
已出版(即将出版)图书目录——初等数学

书　　名	出版时间	定　价	编号
500个前苏联早期高考数学试题及解答	2012—05	28.00	185
546个早期俄罗斯大学生数学竞赛题	2014—03	38.00	285
548个来自美苏的数学好问题	2014—11	28.00	396
20所苏联著名大学早期入学试题	2015—02	18.00	452
161道德国工科大学生必做的微分方程习题	2015—05	28.00	469
500个德国工科大学生必做的高数习题	2015—06	28.00	478
360个数学竞赛问题	2016—08	58.00	677
200个趣味数学故事	2018—02	48.00	857
470个数学奥林匹克中的最值问题	2018—10	88.00	985
德国讲义日本考题. 微积分卷	2015—04	48.00	456
德国讲义日本考题. 微分方程卷	2015—04	38.00	457
二十世纪中叶中、英、美、日、法、俄高考数学试题精选	2017—06	38.00	783
中国初等数学研究　2009卷(第1辑)	2009—05	20.00	45
中国初等数学研究　2010卷(第2辑)	2010—05	30.00	68
中国初等数学研究　2011卷(第3辑)	2011—07	60.00	127
中国初等数学研究　2012卷(第4辑)	2012—07	48.00	190
中国初等数学研究　2014卷(第5辑)	2014—02	48.00	288
中国初等数学研究　2015卷(第6辑)	2015—06	68.00	493
中国初等数学研究　2016卷(第7辑)	2016—04	68.00	609
中国初等数学研究　2017卷(第8辑)	2017—01	98.00	712
初等数学研究在中国.第1辑	2019—03	158.00	1024
初等数学研究在中国.第2辑	2019—10	158.00	1116
初等数学研究在中国.第3辑	2021—05	158.00	1306
初等数学研究在中国.第4辑	2022—06	158.00	1520
初等数学研究在中国.第5辑	2023—07	158.00	1635
几何变换(Ⅰ)	2014—07	28.00	353
几何变换(Ⅱ)	2015—06	28.00	354
几何变换(Ⅲ)	2015—01	38.00	355
几何变换(Ⅳ)	2015—12	38.00	356
初等数论难题集(第一卷)	2009—05	68.00	44
初等数论难题集(第二卷)(上、下)	2011—02	128.00	82,83
数论概貌	2011—03	18.00	93
代数数论(第二版)	2013—08	58.00	94
代数多项式	2014—06	38.00	289
初等数论的知识与问题	2011—02	28.00	95
超越数论基础	2011—03	28.00	96
数论初等教程	2011—03	28.00	97
数论基础	2011—03	18.00	98
数论基础与维诺格拉多夫	2014—03	18.00	292
解析数论基础	2012—08	28.00	216
解析数论基础(第二版)	2014—01	48.00	287
解析数论问题集(第二版)(原版引进)	2014—05	88.00	343
解析数论问题集(第二版)(中译本)	2016—04	88.00	607
解析数论基础(潘承洞,潘承彪著)	2016—07	98.00	673
解析数论导引	2016—07	58.00	674
数论入门	2011—03	38.00	99
代数数论入门	2015—03	38.00	448

刘培杰数学工作室
已出版(即将出版)图书目录——初等数学

书　　名	出版时间	定　价	编号
数论开篇	2012—07	28.00	194
解析数论引论	2011—03	48.00	100
Barban Davenport Halberstam 均值和	2009—01	40.00	33
基础数论	2011—03	28.00	101
初等数论 100 例	2011—05	18.00	122
初等数论经典例题	2012—07	18.00	204
最新世界各国数学奥林匹克中的初等数论试题(上、下)	2012—01	138.00	144,145
初等数论(Ⅰ)	2012—01	18.00	156
初等数论(Ⅱ)	2012—01	18.00	157
初等数论(Ⅲ)	2012—01	28.00	158
平面几何与数论中未解决的新老问题	2013—01	68.00	229
代数数论简史	2014—11	28.00	408
代数数论	2015—09	88.00	532
代数、数论及分析习题集	2016—11	98.00	695
数论导引提要及习题解答	2016—01	48.00	559
素数定理的初等证明.第 2 版	2016—09	48.00	686
数论中的模函数与狄利克雷级数(第二版)	2017—11	78.00	837
数论:数学导引	2018—01	68.00	849
范氏大代数	2019—02	98.00	1016
解析数学讲义.第一卷,导来式及微分、积分、级数	2019—04	88.00	1021
解析数学讲义.第二卷,关于几何的应用	2019—04	68.00	1022
解析数学讲义.第三卷,解析函数论	2019—04	78.00	1023
分析・组合・数论纵横谈	2019—04	58.00	1039
Hall 代数:民国时期的中学数学课本:英文	2019—08	88.00	1106
基谢廖夫初等代数	2022—07	38.00	1531
基谢廖夫算术	2024—05	48.00	1725
数学精神巡礼	2019—01	58.00	731
数学眼光透视(第 2 版)	2017—06	78.00	732
数学思想领悟(第 2 版)	2018—01	68.00	733
数学方法溯源(第 2 版)	2018—08	68.00	734
数学解题引论	2017—05	58.00	735
数学史话览胜(第 2 版)	2017—01	48.00	736
数学应用展观(第 2 版)	2017—08	68.00	737
数学建模尝试	2018—04	48.00	738
数学竞赛采风	2018—01	68.00	739
数学测评探营	2019—05	58.00	740
数学技能操握	2018—03	48.00	741
数学欣赏拾趣	2018—02	48.00	742
从毕达哥拉斯到怀尔斯	2007—10	48.00	9
从迪利克雷到维斯卡尔迪	2008—01	48.00	21
从哥德巴赫到陈景润	2008—05	98.00	35
从庞加莱到佩雷尔曼	2011—08	138.00	136
博弈论精粹	2008—03	58.00	30
博弈论精粹.第二版(精装)	2015—01	88.00	461
数学 我爱你	2008—01	28.00	20
精神的圣徒　别样的人生——60 位中国数学家成长的历程	2008—09	48.00	39
数学史概论	2009—06	78.00	50

— 8 —

刘培杰数学工作室
已出版(即将出版)图书目录——初等数学

书　　名	出版时间	定价	编号
数学史概论(精装)	2013—03	158.00	272
数学史选讲	2016—01	48.00	544
斐波那契数列	2010—02	28.00	65
数学拼盘和斐波那契魔方	2010—07	38.00	72
斐波那契数列欣赏(第2版)	2018—08	58.00	948
Fibonacci数列中的明珠	2018—06	58.00	928
数学的创造	2011—02	48.00	85
数学美与创造力	2016—01	48.00	595
数海拾贝	2016—01	48.00	590
数学中的美(第2版)	2019—04	68.00	1057
数论中的美学	2014—12	38.00	351
数学王者　科学巨人——高斯	2015—01	28.00	428
振兴祖国数学的圆梦之旅:中国初等数学研究史话	2015—06	98.00	490
二十世纪中国数学史料研究	2015—10	48.00	536
《九章算法比类大全》校注	2024—06	198.00	1695
数字谜、数阵图与棋盘覆盖	2016—01	58.00	298
数学概念的进化:一个初步的研究	2023—07	68.00	1683
数学发现的艺术:数学探索中的合情推理	2016—07	58.00	671
活跃在数学中的参数	2016—07	48.00	675
数海趣史	2021—05	98.00	1314
玩转幻中之幻	2023—08	88.00	1682
数学艺术品	2023—09	98.00	1685
数学博弈与游戏	2023—10	68.00	1692
数学解题——靠数学思想给力(上)	2011—07	38.00	131
数学解题——靠数学思想给力(中)	2011—07	48.00	132
数学解题——靠数学思想给力(下)	2011—07	38.00	133
我怎样解题	2013—01	48.00	227
数学解题中的物理方法	2011—06	28.00	114
数学解题的特殊方法	2011—06	48.00	115
中学数学计算技巧(第2版)	2020—10	48.00	1220
中学数学证明方法	2012—01	58.00	117
数学趣题巧解	2012—03	28.00	128
高中数学教学通鉴	2015—05	58.00	479
和高中生漫谈:数学与哲学的故事	2014—08	28.00	369
算术问题集	2017—03	38.00	789
张教授讲数学	2018—07	38.00	933
陈永明实话实说数学教学	2020—04	68.00	1132
中学数学学科知识与教学能力	2020—06	58.00	1155
怎样把课讲好:大军数学教学随笔	2022—03	58.00	1484
中国高考评价体系下高考数学探秘	2022—03	48.00	1487
数苑漫步	2024—01	58.00	1670
自主招生考试中的参数方程问题	2015—01	28.00	435
自主招生考试中的极坐标问题	2015—04	28.00	463
近年全国重点大学自主招生数学试题全解及研究.华约卷	2015—02	38.00	441
近年全国重点大学自主招生数学试题全解及研究.北约卷	2016—05	38.00	619
自主招生数学解证宝典	2015—09	48.00	535
中国科学技术大学创新班数学真题解析	2022—03	48.00	1488
中国科学技术大学创新班物理真题解析	2022—03	58.00	1489
格点和面积	2012—07	18.00	191
射影几何趣谈	2012—04	28.00	175
斯潘纳尔引理——从一道加拿大数学奥林匹克试题谈起	2014—01	28.00	228
李普希兹条件——从几道近年高考数学试题谈起	2012—10	18.00	221
拉格朗日中值定理——从一道北京高考试题的解法谈起	2015—10	18.00	197

刘培杰数学工作室
已出版(即将出版)图书目录——初等数学

书　名	出版时间	定　价	编号
闵科夫斯基定理——从一道清华大学自主招生试题谈起	2014—01	28.00	198
哈尔测度——从一道冬令营试题的背景谈起	2012—08	28.00	202
切比雪夫逼近问题——从一道中国台北数学奥林匹克试题谈起	2013—04	38.00	238
伯恩斯坦多项式与贝齐尔曲面——从一道全国高中数学联赛试题谈起	2013—03	38.00	236
卡塔兰猜想——从一道普特南竞赛试题谈起	2013—06	18.00	256
麦卡锡函数和阿克曼函数——从一道前南斯拉夫数学奥林匹克试题谈起	2012—08	18.00	201
贝蒂定理与拉姆贝克莫斯尔定理——从一个拣石子游戏谈起	2012—08	18.00	217
皮亚诺曲线和豪斯道夫分球定理——从无限集谈起	2012—08	18.00	211
平面凸图形与凸多面体	2012—10	28.00	218
斯坦因豪斯问题——从一道二十五省市自治区中学数学竞赛试题谈起	2012—07	18.00	196
纽结理论中的亚历山大多项式与琼斯多项式——从一道北京市高一数学竞赛试题谈起	2012—07	28.00	195
原则与策略——从波利亚"解题表"谈起	2013—04	38.00	244
转化与化归——从三大尺规作图不能问题谈起	2012—08	28.00	214
代数几何中的贝祖定理(第一版)——从一道IMO试题的解法谈起	2013—08	18.00	193
成功连贯理论与约当块理论——从一道比利时数学竞赛试题谈起	2012—04	18.00	180
素数判定与大数分解	2014—08	18.00	199
置换多项式及其应用	2012—10	18.00	220
椭圆函数与模函数——从一道美国加州大学洛杉矶分校(UCLA)博士资格考题谈起	2012—10	28.00	219
差分方程的拉格朗日方法——从一道2011年全国高考理科试题的解法谈起	2012—08	28.00	200
力学在几何中的一些应用	2013—01	38.00	240
从根式解到伽罗华理论	2020—01	48.00	1121
康托洛维奇不等式——从一道全国高中联赛试题谈起	2013—03	28.00	337
拉克斯定理和阿廷定理——从一道IMO试题的解法谈起	2014—01	58.00	246
毕卡大定理——从一道美国大学数学竞赛试题谈起	2014—07	18.00	350
拉格朗日乘子定理——从一道2005年全国高中联赛试题的高等数学解法谈起	2015—05	28.00	480
雅可比定理——从一道日本数学奥林匹克试题谈起	2013—04	48.00	249
李天岩—约克定理——从一道波兰数学竞赛试题谈起	2014—06	28.00	349
受控理论与初等不等式:从一道IMO试题的解法谈起	2023—03	48.00	1601
布劳维不动点定理——从一道前苏联数学奥林匹克试题谈起	2014—01	38.00	273
莫德尔—韦伊定理——从一道日本数学奥林匹克试题谈起	2024—10	48.00	1602
斯蒂尔杰斯积分——从一道国际大学生数学竞赛试题的解法谈起	2024—10	68.00	1605
切博塔廖夫猜想——从一道1978年全国高中数学竞赛试题谈起	2024—10	38.00	1606
卡西尼卵形线:从一道高中数学期中考试试题谈起	2024—10	48.00	1607
格罗斯问题:亚纯函数的唯一性问题	2024—10	48.00	1608
布格尔问题——从一道第6届全国中学生物理竞赛预赛试题谈起	2024—09	68.00	1609
多项式逼近问题——从一道美国大学生数学竞赛试题谈起	2024—10	48.00	1748
中国剩余定理——总数法构建中国历史年表	2015—01	28.00	430
沙可夫斯基定理——从一道韩国数学奥林匹克竞赛试题的解法谈起	2025—01	68.00	1753
斯特林公式——从一道2023年高考数学(天津卷)试题的背景谈起	2025—01	28.00	1754
外索夫博弈:从一道瑞士国家队选拔考试试题谈起	2025—03	48.00	1755
分圆多项式——从一道美国国家队选拔考试试题的解法谈起	2025—01	48.00	1786
费马数与广义费马数——从一道USAMO试题的解法谈起	2025—01	48.00	1794

刘培杰数学工作室
已出版(即将出版)图书目录——初等数学

书　名	出版时间	定　价	编号
贝克码与编码理论——从一道全国高中数学联赛二试试题的解法谈起	2025—03	48.00	1751
拉比诺维奇定理	即将出版		
刘维尔定理——从一道《美国数学月刊》征解问题的解法谈起	即将出版		
卡塔兰恒等式与级数求和——从一道IMO试题的解法谈起	即将出版		
勒让德猜想与素数分布——从一道爱尔兰竞赛试题谈起	即将出版		
天平称重与信息论——从一道基辅市数学奥林匹克试题谈起	即将出版		
哈密尔顿—凯莱定理:从一道高中数学联赛试题的解法谈起	2014—09	18.00	376
艾思特曼定理——从一道CMO试题的解法谈起	即将出版		
阿贝尔恒等式与经典不等式及应用	2018—06	98.00	923
迪利克雷除数问题	2018—07	48.00	930
幻方、幻立方与拉丁方	2019—08	48.00	1092
帕斯卡三角形	2014—03	18.00	294
蒲丰投针问题——从2009年清华大学的一道自主招生试题谈起	2014—01	38.00	295
斯图姆定理——从一道"华约"自主招生试题谈起	2014—01	18.00	296
许瓦兹引理——从一道加利福尼亚大学伯克利分校数学系博士生试题谈起	2014—08	18.00	297
拉姆塞定理——从王诗宬院士的一个问题谈起	2016—04	48.00	299
坐标法	2013—12	28.00	332
数论三角形	2014—04	38.00	341
毕克定理	2014—07	18.00	352
数林掠影	2014—09	48.00	389
我们周围的概率	2014—10	38.00	390
凸函数最值定理:从一道华约自主招生题的解法谈起	2014—10	28.00	391
易学与数学奥林匹克	2014—10	38.00	392
生物数学趣谈	2015—01	18.00	409
反演	2015—01	28.00	420
因式分解与圆锥曲线	2015—01	18.00	426
轨迹	2015—01	28.00	427
面积原理:从常庚哲先生的一道CMO试题的积分解法谈起	2015—01	48.00	431
形形色色的不动点定理:从一道28届IMO试题谈起	2015—01	38.00	439
柯西函数方程:从一道上海交大自主招生的试题谈起	2015—02	28.00	440
三角恒等式	2015—02	28.00	442
无理性判定:从一道2014年"北约"自主招生试题谈起	2015—01	38.00	443
数学归纳法	2015—03	18.00	451
极端原理与解题	2015—04	28.00	464
法雷级数	2014—08	18.00	367
摆线族	2015—01	38.00	438
函数方程及其解法	2015—05	38.00	470
含参数的方程和不等式	2012—09	28.00	213
希尔伯特第十问题	2016—01	38.00	543
无穷小量的求和	2016—01	28.00	545
切比雪夫多项式:从一道清华大学金秋营试题谈起	2016—01	38.00	583
泽肯多夫定理	2016—03	38.00	599
代数等式证题法	2016—01	28.00	600
三角等式证题法	2016—01	28.00	601
吴大任教授藏书中的一个因式分解公式:从一道美国数学邀请赛试题的解法谈起	2016—06	28.00	656
易卦——类万物的数学模型	2017—08	68.00	838
"不可思议"的数与数系可持续发展	2018—01	38.00	878
最短线	2018—01	38.00	879
数学在天文、地理、光学、机械力学中的一些应用	2023—03	88.00	1576
从阿基米德三角形谈起	2023—01	28.00	1578

刘培杰数学工作室
已出版(即将出版)图书目录——初等数学

书　名	出版时间	定　价	编号
幻方和魔方(第一卷)	2012—05	68.00	173
尘封的经典——初等数学经典文献选读(第一卷)	2012—07	48.00	205
尘封的经典——初等数学经典文献选读(第二卷)	2012—07	38.00	206
初级方程式论	2011—03	28.00	106
初等数学研究(Ⅰ)	2008—09	68.00	37
初等数学研究(Ⅱ)(上、下)	2009—05	118.00	46,47
初等数学专题研究	2022—10	68.00	1568
趣味初等方程妙题集锦	2014—09	48.00	388
趣味初等数论选美与欣赏	2015—02	48.00	445
耕读笔记(上卷):一位农民数学爱好者的初数探索	2015—04	28.00	459
耕读笔记(中卷):一位农民数学爱好者的初数探索	2015—05	28.00	483
耕读笔记(下卷):一位农民数学爱好者的初数探索	2015—05	28.00	484
几何不等式研究与欣赏.上卷	2016—01	88.00	547
几何不等式研究与欣赏.下卷	2016—01	48.00	552
初等数列研究与欣赏·上	2016—01	48.00	570
初等数列研究与欣赏·下	2016—01	48.00	571
趣味初等函数研究与欣赏.上	2016—09	48.00	684
趣味初等函数研究与欣赏.下	2018—09	48.00	685
三角不等式研究与欣赏	2020—10	68.00	1197
新编平面解析几何解题方法研究与欣赏	2021—10	78.00	1426
火柴游戏(第2版)	2022—05	38.00	1493
智力解谜.第1卷	2017—07	38.00	613
智力解谜.第2卷	2017—07	38.00	614
故事智力	2016—07	48.00	615
名人们喜欢的智力问题	2020—01	48.00	616
数学大师的发现、创造与失误	2018—01	48.00	617
异曲同工	2018—09	48.00	618
数学的味道(第2版)	2023—10	68.00	1686
数学千字文	2018—10	68.00	977
数贝偶拾——高考数学题研究	2014—04	28.00	274
数贝偶拾——初等数学研究	2014—04	38.00	275
数贝偶拾——奥数题研究	2014—04	48.00	276
钱昌本教你快乐学数学(上)	2011—12	48.00	155
钱昌本教你快乐学数学(下)	2012—03	58.00	171
集合、函数与方程	2014—01	28.00	300
数列与不等式	2014—01	38.00	301
三角与平面向量	2014—01	28.00	302
平面解析几何	2014—01	38.00	303
立体几何与组合	2014—01	28.00	304
极限与导数、数学归纳法	2014—01	38.00	305
趣味数学	2014—03	28.00	306
教材教法	2014—04	68.00	307
自主招生	2014—05	58.00	308
高考压轴题(上)	2015—01	48.00	309
高考压轴题(下)	2014—10	68.00	310

刘培杰数学工作室
已出版（即将出版）图书目录——初等数学

书　名	出版时间	定　价	编号
从费马到怀尔斯——费马大定理的历史	2013—10	198.00	Ⅰ
从庞加莱到佩雷尔曼——庞加莱猜想的历史	2013—10	298.00	Ⅱ
从切比雪夫到爱尔特希(上)——素数定理的初等证明	2013—07	48.00	Ⅲ
从切比雪夫到爱尔特希(下)——素数定理100年	2012—12	98.00	Ⅲ
从高斯到盖尔方特——二次域的高斯猜想	2013—10	198.00	Ⅳ
从库默尔到朗兰兹——朗兰兹猜想的历史	2014—01	98.00	Ⅴ
从比勃巴赫到德布朗斯——比勃巴赫猜想的历史	2014—02	298.00	Ⅵ
从麦比乌斯到陈省身——麦比乌斯变换与麦比乌斯带	2014—02	298.00	Ⅶ
从布尔到豪斯道夫——布尔方程与格论漫谈	2013—10	198.00	Ⅷ
从开普勒到阿诺德——三体问题的历史	2014—05	298.00	Ⅸ
从华林到华罗庚——华林问题的历史	2013—10	298.00	Ⅹ
美国高中数学竞赛五十讲.第1卷(英文)	2014—08	28.00	357
美国高中数学竞赛五十讲.第2卷(英文)	2014—08	28.00	358
美国高中数学竞赛五十讲.第3卷(英文)	2014—09	28.00	359
美国高中数学竞赛五十讲.第4卷(英文)	2014—09	28.00	360
美国高中数学竞赛五十讲.第5卷(英文)	2014—10	28.00	361
美国高中数学竞赛五十讲.第6卷(英文)	2014—11	28.00	362
美国高中数学竞赛五十讲.第7卷(英文)	2014—12	28.00	363
美国高中数学竞赛五十讲.第8卷(英文)	2015—01	28.00	364
美国高中数学竞赛五十讲.第9卷(英文)	2015—01	28.00	365
美国高中数学竞赛五十讲.第10卷(英文)	2015—02	38.00	366
三角函数(第2版)	2017—04	38.00	626
不等式	2014—01	38.00	312
数列	2014—01	38.00	313
方程(第2版)	2017—04	38.00	624
排列和组合	2014—01	28.00	315
极限与导数(第2版)	2016—04	38.00	635
向量(第2版)	2018—08	58.00	627
复数及其应用	2014—08	28.00	318
函数	2014—01	38.00	319
集合	2020—01	48.00	320
直线与平面	2014—01	28.00	321
立体几何(第2版)	2016—04	38.00	629
解三角形	即将出版		323
直线与圆(第2版)	2016—11	38.00	631
圆锥曲线(第2版)	2016—09	48.00	632
解题通法(一)	2014—07	38.00	326
解题通法(二)	2014—07	38.00	327
解题通法(三)	2014—05	38.00	328
概率与统计	2014—01	28.00	329
信息迁移与算法	即将出版		330

刘培杰数学工作室
已出版(即将出版)图书目录——初等数学

书　　名	出版时间	定　价	编号
IMO 50 年.第 1 卷(1959—1963)	2014—11	28.00	377
IMO 50 年.第 2 卷(1964—1968)	2014—11	28.00	378
IMO 50 年.第 3 卷(1969—1973)	2014—09	28.00	379
IMO 50 年.第 4 卷(1974—1978)	2016—04	38.00	380
IMO 50 年.第 5 卷(1979—1984)	2015—04	38.00	381
IMO 50 年.第 6 卷(1985—1989)	2015—04	58.00	382
IMO 50 年.第 7 卷(1990—1994)	2016—01	48.00	383
IMO 50 年.第 8 卷(1995—1999)	2016—06	48.00	384
IMO 50 年.第 9 卷(2000—2004)	2015—04	58.00	385
IMO 50 年.第 10 卷(2005—2009)	2016—01	48.00	386
IMO 50 年.第 11 卷(2010—2015)	2017—03	48.00	646
数学反思(2006—2007)	2020—09	88.00	915
数学反思(2008—2009)	2019—01	68.00	917
数学反思(2010—2011)	2018—05	58.00	916
数学反思(2012—2013)	2019—01	58.00	918
数学反思(2014—2015)	2019—03	78.00	919
数学反思(2016—2017)	2021—03	58.00	1286
数学反思(2018—2019)	2023—01	88.00	1593
历届美国大学生数学竞赛试题集.第一卷(1938—1949)	2015—01	28.00	397
历届美国大学生数学竞赛试题集.第二卷(1950—1959)	2015—01	28.00	398
历届美国大学生数学竞赛试题集.第三卷(1960—1969)	2015—01	28.00	399
历届美国大学生数学竞赛试题集.第四卷(1970—1979)	2015—01	18.00	400
历届美国大学生数学竞赛试题集.第五卷(1980—1989)	2015—01	28.00	401
历届美国大学生数学竞赛试题集.第六卷(1990—1999)	2015—01	28.00	402
历届美国大学生数学竞赛试题集.第七卷(2000—2009)	2015—08	18.00	403
历届美国大学生数学竞赛试题集.第八卷(2010—2012)	2015—01	18.00	404
新课标高考数学创新题解题诀窍:总论	2014—09	28.00	372
新课标高考数学创新题解题诀窍:必修 1~5 分册	2014—08	38.00	373
新课标高考数学创新题解题诀窍:选修 2—1,2—2,1—1,1—2 分册	2014—09	38.00	374
新课标高考数学创新题解题诀窍:选修 2—3,4—4,4—5 分册	2014—09	18.00	375
全国重点大学自主招生英文数学试题全攻略:词汇卷	2015—07	48.00	410
全国重点大学自主招生英文数学试题全攻略:概念卷	2015—01	28.00	411
全国重点大学自主招生英文数学试题全攻略:文章选读卷(上)	2016—09	38.00	412
全国重点大学自主招生英文数学试题全攻略:文章选读卷(下)	2017—01	58.00	413
全国重点大学自主招生英文数学试题全攻略:试题卷	2015—07	38.00	414
全国重点大学自主招生英文数学试题全攻略:名著欣赏卷	2017—03	48.00	415
劳埃德数学趣题大全.题目卷.1:英文	2016—01	18.00	516
劳埃德数学趣题大全.题目卷.2:英文	2016—01	18.00	517
劳埃德数学趣题大全.题目卷.3:英文	2016—01	18.00	518
劳埃德数学趣题大全.题目卷.4:英文	2016—01	18.00	519
劳埃德数学趣题大全.题目卷.5:英文	2016—01	18.00	520
劳埃德数学趣题大全.答案卷:英文	2016—01	18.00	521

刘培杰数学工作室
已出版(即将出版)图书目录——初等数学

书 名	出版时间	定 价	编号
李成章教练奥数笔记.第1卷	2016-01	48.00	522
李成章教练奥数笔记.第2卷	2016-01	48.00	523
李成章教练奥数笔记.第3卷	2016-01	38.00	524
李成章教练奥数笔记.第4卷	2016-01	38.00	525
李成章教练奥数笔记.第5卷	2016-01	38.00	526
李成章教练奥数笔记.第6卷	2016-01	38.00	527
李成章教练奥数笔记.第7卷	2016-01	38.00	528
李成章教练奥数笔记.第8卷	2016-01	48.00	529
李成章教练奥数笔记.第9卷	2016-01	28.00	530
第19~23届"希望杯"全国数学邀请赛试题审题要津详细评注(初一版)	2014-03	28.00	333
第19~23届"希望杯"全国数学邀请赛试题审题要津详细评注(初二、初三版)	2014-03	38.00	334
第19~23届"希望杯"全国数学邀请赛试题审题要津详细评注(高一版)	2014-03	28.00	335
第19~23届"希望杯"全国数学邀请赛试题审题要津详细评注(高二版)	2014-03	38.00	336
第19~25届"希望杯"全国数学邀请赛试题审题要津详细评注(初一版)	2015-01	38.00	416
第19~25届"希望杯"全国数学邀请赛试题审题要津详细评注(初二、初三版)	2015-01	58.00	417
第19~25届"希望杯"全国数学邀请赛试题审题要津详细评注(高一版)	2015-01	48.00	418
第19~25届"希望杯"全国数学邀请赛试题审题要津详细评注(高二版)	2015-01	48.00	419
物理奥林匹克竞赛大题典——力学卷	2014-11	48.00	405
物理奥林匹克竞赛大题典——热学卷	2014-04	28.00	339
物理奥林匹克竞赛大题典——电磁学卷	2015-07	48.00	406
物理奥林匹克竞赛大题典——光学与近代物理卷	2014-06	28.00	345
历届中国东南地区数学奥林匹克试题及解答	2024-06	68.00	1724
历届中国西部地区数学奥林匹克试题集(2001~2012)	2014-07	18.00	347
历届中国女子数学奥林匹克试题集(2002~2012)	2014-08	18.00	348
数学奥林匹克在中国	2014-06	98.00	344
数学奥林匹克问题集	2014-01	38.00	267
数学奥林匹克不等式散论	2010-06	38.00	124
数学奥林匹克不等式欣赏	2011-09	38.00	138
数学奥林匹克超级题库(初中卷上)	2010-01	58.00	66
数学奥林匹克不等式证明方法和技巧(上、下)	2011-08	158.00	134,135
他们学什么:原民主德国中学数学课本	2016-09	38.00	658
他们学什么:英国中学数学课本	2016-09	38.00	659
他们学什么:法国中学数学课本.1	2016-09	38.00	660
他们学什么:法国中学数学课本.2	2016-09	28.00	661
他们学什么:法国中学数学课本.3	2016-09	38.00	662
他们学什么:苏联中学数学课本	2016-09	28.00	679

刘培杰数学工作室
已出版(即将出版)图书目录——初等数学

书　名	出版时间	定　价	编号
高中数学题典——集合与简易逻辑·函数	2016—07	48.00	647
高中数学题典——导数	2016—07	48.00	648
高中数学题典——三角函数·平面向量	2016—07	48.00	649
高中数学题典——数列	2016—07	58.00	650
高中数学题典——不等式·推理与证明	2016—07	38.00	651
高中数学题典——立体几何	2016—07	48.00	652
高中数学题典——平面解析几何	2016—07	78.00	653
高中数学题典——计数原理·统计·概率·复数	2016—07	48.00	654
高中数学题典——算法·平面几何·初等数论·组合数学·其他	2016—07	68.00	655
台湾地区奥林匹克数学竞赛试题.小学一年级	2017—03	38.00	722
台湾地区奥林匹克数学竞赛试题.小学二年级	2017—03	38.00	723
台湾地区奥林匹克数学竞赛试题.小学三年级	2017—03	38.00	724
台湾地区奥林匹克数学竞赛试题.小学四年级	2017—03	38.00	725
台湾地区奥林匹克数学竞赛试题.小学五年级	2017—03	38.00	726
台湾地区奥林匹克数学竞赛试题.小学六年级	2017—03	38.00	727
台湾地区奥林匹克数学竞赛试题.初中一年级	2017—03	38.00	728
台湾地区奥林匹克数学竞赛试题.初中二年级	2017—03	38.00	729
台湾地区奥林匹克数学竞赛试题.初中三年级	2017—03	28.00	730
不等式证题法	2017—04	28.00	747
平面几何培优教程	2019—08	88.00	748
奥数鼎级培优教程.高一分册	2018—09	88.00	749
奥数鼎级培优教程.高二分册.上	2018—04	68.00	750
奥数鼎级培优教程.高二分册.下	2018—04	68.00	751
高中数学竞赛冲刺宝典	2019—04	68.00	883
初中尖子生数学超级题典.实数	2017—07	58.00	792
初中尖子生数学超级题典.式、方程与不等式	2017—08	58.00	793
初中尖子生数学超级题典.圆、面积	2017—08	38.00	794
初中尖子生数学超级题典.函数、逻辑推理	2017—08	48.00	795
初中尖子生数学超级题典.角、线段、三角形与多边形	2017—07	58.00	796
数学王子——高斯	2018—01	48.00	858
坎坷奇星——阿贝尔	2018—01	48.00	859
闪烁奇星——伽罗瓦	2018—01	58.00	860
无穷统帅——康托尔	2018—01	48.00	861
科学公主——柯瓦列夫斯卡娅	2018—01	48.00	862
抽象代数之母——埃米·诺特	2018—01	48.00	863
电脑先驱——图灵	2018—01	58.00	864
昔日神童——维纳	2018—01	48.00	865
数坛怪侠——爱尔特希	2018—01	68.00	866
传奇数学家徐利治	2019—09	88.00	1110

刘培杰数学工作室
已出版(即将出版)图书目录——初等数学

书　　名	出版时间	定　价	编号
当代世界中的数学.数学思想与数学基础	2019—01	38.00	892
当代世界中的数学.数学问题	2019—01	38.00	893
当代世界中的数学.应用数学与数学应用	2019—01	38.00	894
当代世界中的数学.数学王国的新疆域(一)	2019—01	38.00	895
当代世界中的数学.数学王国的新疆域(二)	2019—01	38.00	896
当代世界中的数学.数林撷英(一)	2019—01	38.00	897
当代世界中的数学.数林撷英(二)	2019—01	48.00	898
当代世界中的数学.数学之路	2019—01	38.00	899

书　　名	出版时间	定　价	编号
105个代数问题:来自AwesomeMath夏季课程	2019—02	58.00	956
106个几何问题:来自AwesomeMath夏季课程	2020—07	58.00	957
107个几何问题:来自AwesomeMath全年课程	2020—07	58.00	958
108个代数问题:来自AwesomeMath全年课程	2019—01	68.00	959
109个不等式:来自AwesomeMath夏季课程	2019—04	58.00	960
110个几何问题:选自各国数学奥林匹克竞赛	2024—04	58.00	961
111个代数和数论问题	2019—05	58.00	962
112个组合问题:来自AwesomeMath夏季课程	2019—05	58.00	963
113个几何不等式:来自AwesomeMath夏季课程	2020—08	58.00	964
114个指数和对数问题:来自AwesomeMath夏季课程	2019—09	48.00	965
115个三角问题:来自AwesomeMath夏季课程	2019—09	58.00	966
116个代数不等式:来自AwesomeMath全年课程	2019—04	58.00	967
117个多项式问题:来自AwesomeMath夏季课程	2021—09	58.00	1409
118个数学竞赛不等式	2022—08	78.00	1526
119个三角问题	2024—05	58.00	1726
119个三角问题	2024—05	58.00	1726

书　　名	出版时间	定　价	编号
紫色彗星国际数学竞赛试题	2019—02	58.00	999
数学竞赛中的数学:为数学爱好者、父母、教师和教练准备的丰富资源.第一部	2020—04	58.00	1141
数学竞赛中的数学:为数学爱好者、父母、教师和教练准备的丰富资源.第二部	2020—07	48.00	1142
和与积	2020—10	38.00	1219
数论:概念和问题	2020—12	68.00	1257
初等数学问题研究	2021—03	48.00	1270
数学奥林匹克中的欧几里得几何	2021—10	68.00	1413
数学奥林匹克题解新编	2022—01	58.00	1430
图论入门	2022—09	58.00	1554
新的、更新的、最新的不等式	2023—07	58.00	1650
几何不等式相关问题	2024—04	58.00	1721
数学归纳法——一种高效而简捷的证明方法	2024—06	48.00	1738
数学竞赛中奇妙的多项式	2024—01	78.00	1646
120个奇妙的代数问题及20个奖励问题	2024—04	48.00	1647
几何不等式相关问题	2024—04	58.00	1721
数学竞赛中的十个代数主题	2024—05	58.00	1745
AwesomeMath入学测试题:前九年:2006—2014	2024—11	38.00	1644
AwesomeMath入学测试题:接下来的七年:2015—2021	2024—12	48.00	1782
奥林匹克几何入门	2025—01	48.00	1796
数学太空漫游:21世纪的立体几何	2025—01	68.00	1810
数学奥林匹克竞赛中的几何引理	2025—04	48.00	1815

刘培杰数学工作室
已出版(即将出版)图书目录——初等数学

书　名	出版时间	定　价	编号
澳大利亚中学数学竞赛试题及解答(初级卷)1978~1984	2019—02	28.00	1002
澳大利亚中学数学竞赛试题及解答(初级卷)1985~1991	2019—02	28.00	1003
澳大利亚中学数学竞赛试题及解答(初级卷)1992~1998	2019—02	28.00	1004
澳大利亚中学数学竞赛试题及解答(初级卷)1999~2005	2019—02	28.00	1005
澳大利亚中学数学竞赛试题及解答(中级卷)1978~1984	2019—03	28.00	1006
澳大利亚中学数学竞赛试题及解答(中级卷)1985~1991	2019—03	28.00	1007
澳大利亚中学数学竞赛试题及解答(中级卷)1992~1998	2019—03	28.00	1008
澳大利亚中学数学竞赛试题及解答(中级卷)1999~2005	2019—03	28.00	1009
澳大利亚中学数学竞赛试题及解答(高级卷)1978~1984	2019—05	28.00	1010
澳大利亚中学数学竞赛试题及解答(高级卷)1985~1991	2019—05	28.00	1011
澳大利亚中学数学竞赛试题及解答(高级卷)1992~1998	2019—05	28.00	1012
澳大利亚中学数学竞赛试题及解答(高级卷)1999~2005	2019—05	28.00	1013
天才中小学生智力测验题.第一卷	2019—03	38.00	1026
天才中小学生智力测验题.第二卷	2019—03	38.00	1027
天才中小学生智力测验题.第三卷	2019—03	38.00	1028
天才中小学生智力测验题.第四卷	2019—03	38.00	1029
天才中小学生智力测验题.第五卷	2019—03	38.00	1030
天才中小学生智力测验题.第六卷	2019—03	38.00	1031
天才中小学生智力测验题.第七卷	2019—03	38.00	1032
天才中小学生智力测验题.第八卷	2019—03	38.00	1033
天才中小学生智力测验题.第九卷	2019—03	38.00	1034
天才中小学生智力测验题.第十卷	2019—03	38.00	1035
天才中小学生智力测验题.第十一卷	2019—03	38.00	1036
天才中小学生智力测验题.第十二卷	2019—03	38.00	1037
天才中小学生智力测验题.第十三卷	2019—03	38.00	1038
重点大学自主招生数学备考全书:函数	2020—05	48.00	1047
重点大学自主招生数学备考全书:导数	2020—08	48.00	1048
重点大学自主招生数学备考全书:数列与不等式	2019—10	78.00	1049
重点大学自主招生数学备考全书:三角函数与平面向量	2020—08	68.00	1050
重点大学自主招生数学备考全书:平面解析几何	2020—07	58.00	1051
重点大学自主招生数学备考全书:立体几何与平面几何	2019—08	48.00	1052
重点大学自主招生数学备考全书:排列组合·概率统计·复数	2019—09	48.00	1053
重点大学自主招生数学备考全书:初等数论与组合数学	2019—08	48.00	1054
重点大学自主招生数学备考全书:重点大学自主招生真题.上	2019—04	68.00	1055
重点大学自主招生数学备考全书:重点大学自主招生真题.下	2019—04	58.00	1056
高中数学竞赛培训教程:平面几何问题的求解方法与策略.上	2018—05	68.00	906
高中数学竞赛培训教程:平面几何问题的求解方法与策略.下	2018—06	78.00	907
高中数学竞赛培训教程:整除与同余以及不定方程	2018—01	88.00	908
高中数学竞赛培训教程:组合计数与组合极值	2018—04	48.00	909
高中数学竞赛培训教程:初等代数	2019—04	78.00	1042
高中数学讲座:数学竞赛基础教程(第一册)	2019—06	48.00	1094
高中数学讲座:数学竞赛基础教程(第二册)	即将出版		1095
高中数学讲座:数学竞赛基础教程(第三册)	即将出版		1096
高中数学讲座:数学竞赛基础教程(第四册)	即将出版		1097

刘培杰数学工作室
已出版(即将出版)图书目录——初等数学

书 名	出版时间	定 价	编号
新编中学数学解题方法1000招丛书.实数(初中版)	2022—05	58.00	1291
新编中学数学解题方法1000招丛书.式(初中版)	2022—05	48.00	1292
新编中学数学解题方法1000招丛书.方程与不等式(初中版)	2021—04	58.00	1293
新编中学数学解题方法1000招丛书.函数(初中版)	2022—05	38.00	1294
新编中学数学解题方法1000招丛书.角(初中版)	2022—05	48.00	1295
新编中学数学解题方法1000招丛书.线段(初中版)	2022—05	48.00	1296
新编中学数学解题方法1000招丛书.三角形与多边形(初中版)	2021—04	48.00	1297
新编中学数学解题方法1000招丛书.圆(初中版)	2022—05	48.00	1298
新编中学数学解题方法1000招丛书.面积(初中版)	2021—07	28.00	1299
新编中学数学解题方法1000招丛书.逻辑推理(初中版)	2022—06	48.00	1300
高中数学题典精编.第一辑.函数	2022—01	58.00	1444
高中数学题典精编.第一辑.导数	2022—01	68.00	1445
高中数学题典精编.第一辑.三角函数·平面向量	2022—01	68.00	1446
高中数学题典精编.第一辑.数列	2022—01	58.00	1447
高中数学题典精编.第一辑.不等式·推理与证明	2022—01	58.00	1448
高中数学题典精编.第一辑.立体几何	2022—01	58.00	1449
高中数学题典精编.第一辑.平面解析几何	2022—01	68.00	1450
高中数学题典精编.第一辑.统计·概率·平面几何	2022—01	58.00	1451
高中数学题典精编.第一辑.初等数论·组合数学·数学文化·解题方法	2022—01	58.00	1452
历届全国初中数学竞赛试题分类解析.初等代数	2022—09	98.00	1555
历届全国初中数学竞赛试题分类解析.初等数论	2022—09	48.00	1556
历届全国初中数学竞赛试题分类解析.平面几何	2022—09	38.00	1557
历届全国初中数学竞赛试题分类解析.组合	2022—09	38.00	1558
从三道高三数学模拟题的背景谈起:兼谈傅里叶三角级数	2023—03	48.00	1651
从一道日本东京大学的入学试题谈起:兼谈π的方方面面	2025—01	68.00	1652
从两道2021年福建高三数学测试题谈起:兼谈球面几何学与球面三角学	2025—01	58.00	1653
从一道湖南高考数学试题谈起:兼谈有界变差数列	2024—01	48.00	1654
从一道高校自主招生试题谈起:兼谈詹森函数方程	即将出版		1655
从一道上海高考数学试题谈起:兼谈有界变差函数	即将出版		1656
从一道北京大学金秋营数学试题的解法谈起:兼谈伽罗瓦理论	2024—10	38.00	1657
从一道北京高考数学试题的解法谈起:兼谈毕克定理	即将出版		1658
从一道北京大学金秋营数学试题的解法谈起:兼谈帕塞瓦尔恒等式	2024—10	68.00	1659
从一道高三数学模拟测试题的背景谈起:兼谈等周问题与等周不等式	即将出版		1660
从一道2020年全国高考数学试题的解法谈起:兼谈斐波那契数列和纳卡穆拉定理及奥斯图达定理	即将出版		1661
从一道高考数学附加题谈起:兼谈广义斐波那契数列	2025—01	68.00	1662

刘培杰数学工作室
已出版(即将出版)图书目录——初等数学

书 名	出版时间	定 价	编号
从一道普通高中学业水平考试中数学卷的压轴题谈起——兼谈最佳逼近理论	2024—10	58.00	1759
从一道高考数学试题谈起——兼谈李普希兹条件	即将出版		1760
从一道北京市朝阳区高二期末数学考试题的解法谈起——兼谈希尔宾斯基垫片和分形几何	即将出版		1761
从一道高考数学试题谈起——兼谈巴拿赫压缩不动点定理	即将出版		1762
从一道中国台湾地区高考数学试题谈起——兼谈费马数与计算数论	即将出版		1763
从2022年全国高考数学压轴题的解法谈起——兼谈数值计算中的帕德逼近	2024—10	48.00	1764
从一道清华大学2022年强基计划数学测试题的解法谈起——兼谈拉马努金恒等式	即将出版		1765
从一篇有关数学建模的讲义谈起——兼谈信息熵与信息论	即将出版		1766
从一道清华大学自主招生的数学试题谈起——兼谈格点与闵可夫斯基定理	即将出版		1767
从一道1979年高考数学试题谈起——兼谈勾股定理和毕达哥拉斯定理	即将出版		1768
从一道2020年北京大学"强基计划"数学试题谈起——兼谈微分几何中的包络问题	即将出版		1769
从一道高考数学试题谈起——兼谈香农的信息理论	即将出版		1770
代数学教程.第一卷,集合论	2023—08	58.00	1664
代数学教程.第二卷,抽象代数基础	2023—08	68.00	1665
代数学教程.第三卷,数论原理	2023—08	58.00	1666
代数学教程.第四卷,代数方程式论	2023—08	48.00	1667
代数学教程.第五卷,多项式理论	2023—08	58.00	1668
代数学教程.第六卷,线性代数原理	2024—06	98.00	1669
中考数学培优教程——二次函数卷	2024—05	78.00	1718
中考数学培优教程——平面几何最值卷	2024—05	58.00	1719
中考数学培优教程——专题讲座卷	2024—05	58.00	1720

联系地址:哈尔滨市南岗区复华四道街10号　哈尔滨工业大学出版社刘培杰数学工作室
邮　编:150006
联系电话:0451—86281378　　　13904613167
E-mail:lpj1378@163.com